安全生产知识百点通丛书

消防安全与应急知识百点通

主　编　董国宇　和杰花

副主编　李宝昌　王宇昊

中国劳动社会保障出版社

图书在版编目（CIP）数据

消防安全与应急知识百点通 / 董国宇，和杰花主编 . -- 北京：中国劳动社会保障出版社，2024

（安全生产知识百点通丛书）

ISBN 978-7-5167-6399-5

Ⅰ.①消…　Ⅱ.①董…②和…　Ⅲ.①消防 - 安全管理 - 基本知识　Ⅳ.①TU998.1

中国国家版本馆 CIP 数据核字（2024）第 101455 号

中国劳动社会保障出版社出版发行

（北京市惠新东街 1 号　邮政编码：100029）

*

北京利丰雅高长城印刷有限公司印刷装订　　新华书店经销

880 毫米 ×1230 毫米　32 开本　5.375 印张　123 千字

2024 年 6 月第 1 版　　2024 年 6 月第 1 次印刷

定价：**18.00 元**

营销中心电话：400–606–6496

出版社网址：http://www.class.com.cn

内容简介

　　火灾及爆炸是生产生活中最常见、最突出、危害最大的一类事故，广泛存在于多个领域，是多种生产安全事故发生的主要原因，对职工的生命安全造成极大的威胁。因此，保障消防安全并做好应急处置工作，是对职工生命健康和财产安全的重要保障，也是安全生产工作的重中之重。

　　本书是"安全生产知识百点通丛书"之一，以问答的形式列举了广大职工生产作业过程中在消防与应急管理领域需要掌握的基本知识，主要内容包括：火灾爆炸基础知识、应急管理相关概念、消防安全与应急管理、消防安全法律法规常识、火灾应急监测与预防控制、火灾扑救、火场疏散与逃生、火灾应急处置与救援及灾后管理与应急培训。

　　本书内容丰富、层次清楚，所写知识典型性、通用性强，文字浅显易懂，注重科普，配以原创漫画插图，图文并茂。本书可作为相关部门及用人单位火灾预防与应急管理宣传和培训的参考用书，也可作为普及提高广大基层一线职工消防意识与应急处置能力的科普读物。

目　录

一、火灾爆炸基础知识 ……………………… 1

  1. 什么是燃烧? …………………… 1

  2. 燃烧的类型有哪些? …………… 3

  3. 燃烧会产生哪些燃烧产物? …………… 5

  4. 什么是火灾? ………………… 8

  5. 火灾的类型有哪些? ………… 8

  6. 火灾发展过程是什么样的? 各有什么特点? ……… 10

  7. 火灾会造成哪些危害? …………… 11

  8. 什么是爆炸? ………………… 13

  9. 爆炸的类型有哪些? ………… 13

  10. 爆炸的危害有哪些? …………… 15

  11. 火灾爆炸事故的常见原因有哪些? …………… 16

  12. 火灾爆炸事故的特点有哪些? ………… 19

二、应急管理相关概念 ……………… 21

  13. 突发事件的定义和相关概念是什么? ………… 21

  14. 突发事件基本类型和分级是如何规定的? ……… 22

  15. 突发事件的发生机理是什么? …………… 23

16. 应急管理的定义和主要特征是什么？ ………… 25

17. 应急管理的核心理念是什么？ ……………… 28

18. 应急管理的相关理论都有哪些？ …………… 30

19. 什么是应急管理的"一案三制"？ ………… 32

20. 应急管理有哪些过程？ ……………………… 34

21. 应急管理的主要职能是什么？ ……………… 37

22. 如何识别和评估潜在的危险与威胁？ ……… 37

23. 发生突发事件后，如何确保信息流通和通信效率？ … 38

24. 如何实现政府部门、非政府组织、企业和公众之间的
    协同作战？ ……………………………………… 40

25. 在发生突发事件后，如何保持公众的心理健康？ …… 41

三、消防安全与应急管理 …………………………… 45

26. 什么是消防安全管理？ ……………………… 45

27. 消防安全管理原则与方法有哪些？ ………… 46

28. 消防组织有哪些？其职能是什么？ ………… 49

29. 怎么进行消防安全重点部位确定与管理？ ……… 51

30. 如何编制消防应急预案？ …………………… 53

31. 怎样进行消防应急演练？ …………………… 55

四、消防安全法律法规常识 ………………………… 57

32. 我国现行的消防法律有哪些？ ……………… 57

33. 什么是消防行政法规？ ……………………… 57

34. 什么是消防部门规章？ ……………………… 58

35. 什么是消防技术标准？ ……………………… 59

36. 《消防法》的立法目的是什么？ …………… 61

37. 消防安全管理工作应遵循的方针是什么？ ⋯⋯⋯ 62

38. 消防安全管理工作的原则是什么？ ⋯⋯⋯⋯ 62

39. 《消防法》主要有哪些内容？ ⋯⋯⋯⋯⋯⋯ 63

40. 《消防法》中相关用语及其含义是什么？ ⋯⋯ 65

41. 单位负有哪些消防安全职责？ ⋯⋯⋯⋯⋯⋯ 65

42. 个人负有哪些消防法律责任？ ⋯⋯⋯⋯⋯⋯ 67

五、火灾应急监测与预防控制 ⋯⋯⋯⋯⋯⋯⋯⋯⋯ 69

43. 火灾隐患如何判定？ ⋯⋯⋯⋯⋯⋯⋯⋯⋯ 69

44. 火灾预防有哪些基本措施？ ⋯⋯⋯⋯⋯⋯⋯ 69

45. 火灾应急监测与预警机制和要求是什么？ ⋯⋯ 70

46. 对于大型建筑或设施，火灾自动报警系统的建议布局
是怎样的？ ⋯⋯⋯⋯⋯⋯⋯⋯⋯⋯⋯⋯⋯ 72

47. 如何控制可燃物？ ⋯⋯⋯⋯⋯⋯⋯⋯⋯⋯ 74

48. 如何控制助燃物？ ⋯⋯⋯⋯⋯⋯⋯⋯⋯⋯ 74

49. 如何控制点火源？ ⋯⋯⋯⋯⋯⋯⋯⋯⋯⋯ 76

50. 交通运输过程中如何预防火灾事故？ ⋯⋯⋯⋯ 78

51. 建筑施工中如何预防火灾事故？ ⋯⋯⋯⋯⋯ 84

52. 厂房和仓库的火灾预防措施有哪些？ ⋯⋯⋯⋯ 85

53. 易燃易爆危险品的生产、储存和运输过程中如何预防
火灾事故？ ⋯⋯⋯⋯⋯⋯⋯⋯⋯⋯⋯⋯⋯ 89

54. 不同生产工艺如何预防火灾爆炸事故？ ⋯⋯⋯ 90

55. 居家生活时如何预防火灾？ ⋯⋯⋯⋯⋯⋯⋯ 94

六、火灾扑救 ⋯⋯⋯⋯⋯⋯⋯⋯⋯⋯⋯⋯⋯⋯⋯ 96

56. 灭火原则有哪些？ ⋯⋯⋯⋯⋯⋯⋯⋯⋯⋯ 96

57. 火灾事故的救援过程包括哪些？ ⋯⋯⋯⋯⋯⋯⋯ 97

58. 常用的消防设备有哪些？如何使用？ ⋯⋯⋯⋯ 99

59. 针对不同类型的火灾应选用哪些灭火器？ ⋯⋯⋯ 100

60. 管道系统发生火灾时如何扑救？ ⋯⋯⋯⋯⋯⋯ 102

61. 生产装置发生火灾时如何扑救？ ⋯⋯⋯⋯⋯⋯ 105

62. 可燃气体泄漏火灾如何扑救？ ⋯⋯⋯⋯⋯⋯⋯ 107

63. 可燃液体泄漏火灾如何扑救？ ⋯⋯⋯⋯⋯⋯⋯ 111

64. 电气火灾如何扑救？ ⋯⋯⋯⋯⋯⋯⋯⋯⋯⋯ 114

65. 危险化学品火灾如何扑救？ ⋯⋯⋯⋯⋯⋯⋯⋯ 116

66. 人体着火如何扑救？ ⋯⋯⋯⋯⋯⋯⋯⋯⋯⋯ 118

七、火场疏散与逃生 ⋯⋯⋯⋯⋯⋯⋯⋯⋯⋯⋯⋯ 120

67. 火灾安全疏散中应注意的原则有哪些？ ⋯⋯⋯⋯ 120

68. 发生火灾后，建筑物内有哪些可利用的疏散设施？⋯ 121

69. 火灾逃生的基本原则有哪些？ ⋯⋯⋯⋯⋯⋯⋯ 123

70. 火灾逃生的方法有哪些？ ⋯⋯⋯⋯⋯⋯⋯⋯⋯ 126

71. 特殊场所发生火灾时，逃生的注意事项有哪些？⋯ 130

72. 辅助逃生设施有哪些？ ⋯⋯⋯⋯⋯⋯⋯⋯⋯⋯ 132

73. 住宅建筑发生火灾如何应对？ ⋯⋯⋯⋯⋯⋯⋯ 134

74. 人员密集公共场所发生火灾如何逃生？ ⋯⋯⋯⋯ 137

75. 危险化学品厂房发生火灾如何逃生？ ⋯⋯⋯⋯⋯ 137

八、火灾应急处置与救援 ⋯⋯⋯⋯⋯⋯⋯⋯⋯⋯ 140

76. 火灾发生后，应急处置的原则有哪些？ ⋯⋯⋯⋯ 140

77. 火灾现场急救的基本步骤有哪些？ ⋯⋯⋯⋯⋯ 141

78. 火灾现场急救的原则有哪些？ ⋯⋯⋯⋯⋯⋯⋯ 142

79. 烧伤的急救方法有哪些？ ………………………… 143

80. 吸入性损伤的急救方法有哪些？ ……………… 144

81. 急性中毒的急救方法有哪些？ ………………… 145

82. 心肺复苏法的实施要领和注意事项有哪些？ ……… 146

83. 现场救援中，常用止血法有哪些？ …………… 149

84. 现场救援中，常用包扎法有哪些？ …………… 150

85. 现场救援中，骨折固定法有哪些？ …………… 152

86. 现场救援中，骨折固定的注意事项有哪些？ ……… 153

87. 现场救援中，搬运的正确方法有哪些？ ………… 154

88. 现场救援中，搬运的注意事项有哪些？ …………… 155

九、灾后管理与应急培训 ……………………………… 157

89. 发生火灾后，各相关部门和人员如何应对？ ……… 157

90. 发生火灾后，对灾后建筑物如何处置？ ………… 158

91. 火灾事故调查报告应该包括哪些内容？ ………… 158

92. 火灾应急培训的内容有哪些？ ………………… 159

93. 如何加强消防宣传教育？ ……………………… 161

一、火灾爆炸基础知识

1. 什么是燃烧?

（1）燃烧的定义

燃烧是一种伴随着放热发光的化学反应，其反应过程极其复杂，自由基的链反应是燃烧反应的实质，光和热是燃烧过程中发生的物理现象。

现代燃烧理论认为，燃烧是一种自由基的链反应，这是目前被广泛认可并且较为成熟的一种解释。链反应指燃烧反应是连续进行的，而自由基其实就是一种非常活泼的化学形态，能和其他自由基反应并且会再生成新的自由基，正是因为自由基持续不断地产生，燃烧过程才得以连续进行。

（2）燃烧的条件

1）必要条件。通常认为燃烧的必要条件有三个，一是要有可燃物，二是要有助燃物，三是要有点火源。这三个条件（因素）缺一不可，构成了人们常说的"火三角"。但是，上述三个因素同时存在也并不一定能够发生燃烧，还必须使这三个因素相互作用（发生链反应）。

①可燃物。可燃物大多是含碳和氢的化合物，例如，木材、酒精、棉花、汽油、甲烷、氢气等都是可燃物。广义地讲，无论在什么条件下，凡是能够燃烧的物质都是可燃物，某些金属如镁、铝、钙等在特定条件下也可以燃烧，还有许多物质如肼、臭氧等在高温下可以通过自己的分解而放出光和热。可燃物按其物理状态可分为气体可燃物、液体可燃物和固体可燃物三类。

②助燃物（氧化剂）。与可燃物相结合能够导致燃烧的物质是助燃物，即氧化剂。燃烧过程中的助燃物主要是空气中游离的氧，因此最常见的一种助燃物是氧气。氧气在空气中的体积分数约为21%，人们的生产和生活空间都被氧气所包围，因此，燃烧的助燃物这个条件是普遍存在的，在采取防火措施时，它很难被消除。当然，助燃物也不仅仅指氧气，例如，很多金属都可以在氟中燃烧，此时氟就是一种助燃物。

③点火源。点火源又称着火源，是指具有一定能量，能够引起可燃物燃烧的热能源，是燃烧的能量来源，为可燃物与氧化剂发生燃烧反应提供能量。常见的点火源主要有火星、电火花或电弧、明火、炽热体、高温或化学反应热等。

2）充分条件。同时具备上述三个必要条件并非就可以发生燃烧。例如，纸张在纯氧中是无法被点燃的，在此基础上还需要具备以下三个充分条件才可以发生燃烧。

①可燃物达到足够的量。例如，常温下汽油可以直接被点

燃而煤油却不能立刻被点燃，这主要是两者在常温下挥发出的可燃气体浓度不一样导致的，汽油的挥发性高，达到了可以燃烧的浓度，所以就能立刻燃烧。

②助燃物达到一定比例。助燃物比例不能过多也不能过少，要和可燃物达到一定的化学比例才能发生燃烧。例如，纯氧中大部分物质是很难燃烧的。

③点火源能量达到一定强度。能量越高，分子运动越剧烈，就越容易被点燃。例如，火柴燃烧的能量可以点燃纸张但不能点燃煤炭。

需要注意的是，以上三个充分条件之间存在相互作用。

2. 燃烧的类型有哪些？

燃烧具有多种类型，合理地对燃烧进行分类有助于人们更好地理解燃烧的过程，进而正确地处理燃烧现象。

（1）按点燃方式分类

1）引燃。因外部点火源的作用而使物质开始燃烧的现象称为引燃，即点火源接近可燃物，使可燃物局部开始燃烧，然后迅速传播到整体的燃烧现象。引燃又可分为局部引燃和整体引燃。例如，用打火机点燃香烟属于局部引燃，而沥青、松香等易熔固体被引燃时一般会发生整体引燃。

2）自燃。物质依靠自身一系列化学、物理变化产生热量，没有外界点火源的作用发生自动燃烧的现象，称为自燃，如白磷的自燃。常见物质的自燃点详见表1-1。

表1-1　常见物质的自燃点

可燃物	氢	苯	乙醇	汽油	煤油	柴油	铁	铝	硫
自燃点/℃	572	609	392	255～530	240～290	350～380	315	645	190

（2）按燃烧时可燃物质状态分类

1）固相燃烧。固相燃烧也称表面燃烧，是指燃烧进行时可燃物为固态的燃烧。如木炭、镁条、焦炭的燃烧就属于固相燃烧。要注意的是，固体燃烧不一定是固相燃烧，比如蜡烛的燃烧就是气相燃烧，但是发生固相燃烧的一定是固体。

2）气相燃烧。气相燃烧是一种常见的燃烧形式，燃烧时不仅可燃物是气态的，助燃物也是气态的，如汽油、酒精、丙烷、蜡烛等燃烧都属于气相燃烧。一般来讲，有火焰的燃烧大多属于气相燃烧。

（3）按燃烧速度和现象分类

1）闪燃。液体产生的可燃蒸气与空气混合后，在某种温度下达到一定浓度时，遇点火源产生一闪即灭的燃烧现象叫作闪燃。物质在一定条件下，受热至能被点火源引起闪燃的最低温度叫作闪点。闪燃虽然一闪即灭，不能引起持续燃烧，但从消防安全的角度来看，闪燃是火险的警告，是着火的前奏。常见可燃液体的闪点详见表 1-2。

表 1-2　常见可燃液体的闪点

可燃物	乙醚	甲苯	乙醇	汽油	石油	松节油	二氧化碳	丙酮
闪点 /℃	-45	26.3	10	10	30	32	-45	-10

2）着火。着火是指可燃物在与助燃物共存的条件下，当达到某一温度时，与点火源接触即能引起燃烧，并在点火源离开后仍能持续燃烧的现象。可燃物持续燃烧所需要的最低温度是燃点，常见可燃物的燃点详见表 1-3。

表 1-3　常见可燃物的燃点

可燃物	汽油	煤油	乙醇	萘	石蜡	橡胶	赛璐珞	樟脑	麦草
燃点 /℃	16	86	60～76	86	190	120	100	70	200

> **相关知识**
>
> 燃烧还可以分成以下四种。
>
> （1）预混燃烧：可燃气体和氧气（或空气）预先混合均匀而形成的可燃混合气称为预混合气，预混合气在燃烧器内进行燃烧的过程称为预混燃烧。
>
> （2）扩散燃烧：可燃物和氧气（或空气）边混合、边燃烧的过程称为扩散燃烧。
>
> （3）层流燃烧：预混合气作层流流动的燃烧叫层流燃烧。
>
> （4）湍流燃烧：预混合气作湍流流动的燃烧叫湍流燃烧。

3. 燃烧会产生哪些燃烧产物?

可燃物燃烧时，生成的固体、气体和蒸气等物质均为燃烧产物，如灰烬、炭粒（烟）等。根据燃烧产物能否再发生燃烧，可将燃烧产物分为完全燃烧产物和不完全燃烧产物，比如煤在氧气不足的情况下发生的燃烧就为不完全燃烧，所产生的产物一氧化碳为不完全燃烧产物，其还可以继续燃烧生成二氧化碳，二氧化碳则为完全燃烧产物。以下介绍四种常见的燃烧产物。

（1）一氧化碳

一氧化碳是一种无色、无味而有强烈毒性的可燃气体，难溶于水，属于不完全燃烧产物，所以一氧化碳仍然属于可燃物，必须注意防止一氧化碳与空气形成爆炸性混合物。此外，一氧化碳的毒性较大，与血红蛋白的结合力强（其结合力约为氧与血红蛋白结合力的 240～300 倍），人体吸入后易与血液中的血红蛋白结合形成碳氧血红蛋白，并能将血液中的氧置换出来，造成人的机体组织缺氧。在火场烟雾弥漫的房间中，一氧化碳体积分数比较高时，对房间内人员的生命安全会有严重威胁，长时间处于高浓度一氧化碳的环境会出现中毒窒息症状，甚至危及生命。

（2）二氧化碳

二氧化碳是一种无色、无味、不燃气体，可溶于水，有弱酸性和窒息性，对人的呼吸系统有刺激作用，属于完全燃烧产物。空气中二氧化碳浓度过大时，会使氧气含量相对减少，使人窒息。由于二氧化碳有窒息性，所以在消防安全工作中常被用作灭火剂，但不能用二氧化碳灭火剂扑救金属物质的火灾，如钾、钠、镁、钛、锆、锂、铝镁合金等火灾，因为金属物质燃烧时产生的高温能够把二氧化碳分解为一氧化碳和氧气。

（3）二氧化硫

二氧化硫是一种无色、有刺激性臭味的气体，是含硫可燃物燃烧后的产物，易溶于水，1体积的水能溶解约20体积的二氧化硫。二氧化硫易被人体湿润的黏膜表面吸收生成亚硫酸和硫酸，对眼睛黏膜有强烈的刺激作用，大量吸入可引起肺水肿、喉水肿、声带痉挛而导致窒息。

（4）氯化氢

氯化氢是一种刺激性气体，是含氯可燃物的燃烧产物。氯化氢可与空气中的水分结合形成酸雾，具有较强的腐蚀性，在较高浓度的场合，会强烈刺激人眼，并引起呼吸道炎症和肺水肿。

燃烧产物对消防安全工作有十分重要的影响。一方面，炽热的燃烧产物可能会形成新的点火源，导致火势的蔓延，并且当燃烧产物与空气混合形成爆炸性混合物时，遇到点火源会发生爆炸，从而造成更加严重的事故后果。当火灾发生时，会产生大量的烟雾，遮挡人员逃生视线，给火灾扑救和逃生造成很大的阻碍，而且燃烧产生的大量烟气是有毒有害的。

　　另一方面，燃烧产物对于尽早发现火情，初步判断火灾发生的规模、引起火灾的可燃物的种类等具有极大的作用，例如，通过烟气的颜色和气味可以大致判断可燃物的种类，见表1-4。完全燃烧产物在一定程度上有阻止燃烧的作用，比如在一个封闭的房间内发生火灾，随着完全燃烧产物的不断增加，空间内助燃物的浓度会不断降低，当助燃物浓度降低到一定程度时，燃烧就会停止，所以室内发生火灾时不要轻易地打开门窗，否则会使火势变得更加凶猛。

表1-4　常见可燃物燃烧时的烟气特征

可燃物	颜色	臭	味
木材	灰黑色	树脂臭	稍有酸味
石油产品	黑色	石油臭	稍有酸味
硝基化合物	棕黄色	刺激臭	有酸味
棉和麻	黑褐色	烧纸臭	稍有酸味
聚苯乙烯	浓黑色	煤气臭	稍有酸味

4. 什么是火灾?

（1）火灾的定义

一般情况下可以认为，火灾是一种意外的、不可控的物质燃烧过程，是在时间和空间上失去控制的燃烧所造成的灾害。火灾的本质是燃烧，具有燃烧的一切现象和特征，燃烧条件对火灾也同样具有限制作用，但是火灾现场往往并非只有单纯的气体、液体或固体，所以火灾的燃烧过程极其复杂。

（2）火灾判定条件

要确定一种燃烧现象是否为火灾，应当根据以下三个条件去判定：一是要造成伤害，既包括人员伤亡也包括财产损失；二是灾害必须是由燃烧造成的；三是该燃烧必须是失去控制的燃烧。

火灾必须同时符合这三个条件，任何一个条件不满足都不能认定为火灾。比如施工现场垃圾堆里垃圾的燃烧，虽然不受控制，但是并没有造成伤害，因此不能认为是发生了火灾。

5. 火灾的类型有哪些?

常见的火灾分类方式包括按可燃物类型和燃烧特性分类、按火灾事故等级分类，以及按火灾发生场地与燃烧物质分类。

（1）按可燃物类型和燃烧特性分类

国家标准《火灾分类》（GB/T 4968—2008）按照可燃物的类型和燃烧特性，将火灾分为 A、B、C、D、E、F 六类。

1）A 类火灾，指固体物质火灾。这种物质通常具有有机物性质，一般在燃烧时能产生灼热的余烬。如木材、干草、煤炭、棉、毛、麻、纸张、塑料（燃烧后有灰烬）等火灾。

2）B 类火灾，指液体或可熔化的固体物质火灾。如煤油、柴油、原油、甲醇、乙醇、沥青、石蜡等火灾。

3）C类火灾，指气体火灾。如煤气、天然气、甲烷、乙烷、丙烷、氢气等火灾。

4）D类火灾，指金属火灾。如钾、钠、镁、钛、锆、铝镁合金等火灾。

5）E类火灾，指带电火灾。物体带电燃烧的火灾。

6）F类火灾，指烹饪器具内的烹饪物（如动植物油脂）火灾。

（2）按火灾事故等级分类

1）特别重大火灾。造成30人以上死亡，或者100人以上重伤，或者1亿元以上直接经济损失的火灾。

2）重大火灾。造成10人以上30人以下死亡，或者50人以上100人以下重伤，或者5 000万元以上1亿元以下直接经济损失的火灾。

3）较大火灾。造成3人以上10人以下死亡，或者10人以上50人以下重伤，或者1 000万元以上5 000万元以下直接经济损失的火灾。

4）一般火灾。造成3人以下死亡，或者10人以下重伤，或者1 000万元以下直接经济损失的火灾。

（3）按火灾发生场地与燃烧物质分类

1）建筑火灾。主要有普通建筑火灾、高层建筑火灾、大空间建筑火灾、商场火灾、地下建筑火灾、古建筑火灾。

2）物质（仓库）火灾。主要有危险化学品库火灾、石油库火灾、可燃气体库火灾。

3）生产工艺火灾。主要有普通工厂火灾、矿山火灾、化工厂火灾、石油化工厂火灾。

4）原野火灾（自然火灾）。主要有森林火灾、草原火灾。

5）运输工具火灾。主要有汽车火灾、火车火灾、船舶火灾、飞机火灾、航天器火灾。

6）特种火灾。主要有战争火灾、地震火灾、辐射性区域火灾。

6. 火灾发展过程是什么样的？各有什么特点？

火情从开始到结束，一般会经历四个阶段：初期阶段、发展阶段、猛烈阶段（轰燃）和熄灭阶段。

1）初期阶段。初期阶段的火灾刚刚开始，范围较小，烟气量不大，可燃物刚刚达到燃烧临界温度，不会产生强热辐射及高强度的气体对流，燃烧所产生的有害气体尚未扩散，对建筑物还未达到破坏程度，被困人员有一定时间逃生。这时，如果扑救方法正确，则可以把火灾控制在局部，甚至完全消灭。

2）发展阶段。如果初期阶段的火灾没有得到及时控制而持续燃烧，将进入火灾的发展阶段。这时的燃烧速度加快，温度不断升高，气体对流增强，燃烧产生的炽热烟气迅速扩散，火势蔓延加剧，火场范围扩大，火势将难以控制。此时，火势的控制和失控与燃烧物的种类、气候条件、火场环境，以及扑救人员的装备和扑救方式有着直接而紧密的关系。

3）猛烈阶段（轰燃）。火灾发展到猛烈阶段最危险，也最具破坏性。这一阶段，正在燃烧的物质会因不完全燃烧或高温分解而释放出大量新的可燃物、助燃物和刺激性烟气，温度、气体对流强度、燃烧速度均达到峰值，燃烧随时会产生突发性变化，如有爆燃性气体，会产生瞬时爆燃，不仅对扑救人员、被困人员形成巨大安全威胁，还会扩大火势，同时对建筑物也会造成毁灭性破坏。

4）熄灭阶段。因消防扑救、可燃物燃烧殆尽等因素使火场温度下降，气体对流减弱，这时火灾进入熄灭阶段。但这一阶段因地理位置、火场环境等因素不同，持续时间也不一样，有时会持续很长时间，有时也会因建筑物本体坍塌，重新产生氧气对流而出现"死灰复燃"的现象。

7. 火灾会造成哪些危害？

火灾造成的死亡有一大半是由于燃烧产生的一氧化碳和其他有毒气体、固体悬浮颗粒等组成的，具有毒性和窒息性的火灾烟气导致的，剩下的则是由高温、爆炸等引起的。

（1）火灾烟气

火灾烟气是指由可燃物燃烧生成的气态、液态、固态燃烧产物混合之后产生的物质，主要包括可燃物热解或燃烧产生的气相产物，如未燃烧的可燃蒸气、水蒸气、二氧化碳、一氧化碳以及多种有毒气体和腐蚀性气体；由于卷吸作用而进入的空气；燃烧产生的微小固体颗粒和液滴等。火灾烟气对人体的危害主要体现在窒息性和毒性两方面。

1）窒息性。烟雾是物质在燃烧反应过程中生成的气态、液态和固态物质与空气的混合物，通常由完全燃烧或不完全燃烧形成的极小的炭粒子、水分以及可燃物的燃烧分解产物所组成，其危害主要是本身的窒息性。此外，火灾发生时，由于燃烧要消耗大量的氧气，空气中的氧含量会显著下降，人体长时间在这种环境中，会出现呼吸障碍、失去理智、痉挛、脸色发青等症状，甚至窒息死亡。

2）毒性。研究表明，在火灾初期，当高温的威胁还不严重时，有毒有害气体已经成为人员安全的首要威胁。随着火势的蔓延，可燃物的燃烧会产生大量的有毒有害气体，这些气体中除水蒸气外，其他大部分都对人体有害，会造成人员中毒，如氰化氢、氟化氢、苯乙烯等。尤其是有机高分子化合物燃烧时，产生的有毒物质更多。一些常见的有机高分子化合物燃烧产生的有毒有害气体详见表1–5。

表1-5 有机高分子化合物燃烧产生的有毒有害气体

有机高分子化合物	有毒气体产物
羊毛、皮革、聚丙烯腈、聚氨酯、尼龙、氨基树脂等	氨气、一氧化氮、二氧化氮
含硫高分子材料、硫化橡胶等	二氧化硫、硫化氢、二硫化碳
聚氯乙烯、含卤素阻燃剂的材料、聚四氟乙烯等	氢氟酸、氯化氢、溴化氢
聚烯烃类材料等	烷烃、烯烃
聚苯乙烯、聚氯乙烯、聚酯等	苯
酚醛树脂等	酚、醛
木材、纸张等	丙烯醛
聚甲醛等	甲醛
纤维素以及纤维制品等	甲酸、乙酸

（2）高温

火灾作为一种燃烧反应，会产生巨大的热量，这些热量通过热对流、热传导和热辐射的方式加热可燃物和周围气体，使环境温度快速升高。高温不仅会导致烫伤，还会使人体很快出现疲劳和脱水症状，影响人员自救和疏散。

（3）爆炸或其他事故

火灾发生后，特别是工业生产企业中发生的火灾，往往会造成易燃易爆气体的泄漏，一旦这些泄漏的气体达到爆炸极限，遇到点火源就会发生爆炸事故。特别是有限空间中的火灾，在用水灭火过程中会产生水煤气，不仅有毒而且易发生爆炸。另外，由于火灾会造成建筑物或设备的结构破坏，使建筑物的支撑能力下降，或导致带电设备的绝缘保护被破坏，进而会引发建筑物坍塌、人员触电等其他事故。

8. 什么是爆炸?

爆炸是在极短时间内释放出大量能量，产生高温并放出大量气体，在周围介质中造成高压的化学反应或状态变化。爆炸是一种极为迅速的化学或物理的能量释放过程，在此过程中，空间内的物质以极快的速度把其内部所含的能量释放出来，转变成机械能、光能和热能等能量形态。人们正是利用爆炸产生的大量能量，在采矿和修筑铁路、水库等时开山放炮，大大地加快了工程的进度，使用手工和一般工具难以完成的任务得以实现。但是一旦失控，发生爆炸事故，极易引起巨大的破坏和人员伤亡。

9. 爆炸的类型有哪些?

爆炸具有多种类型，爆炸类型不同，其破坏力也有所差异。爆炸常见的分类方式有按爆炸的性质分类和按爆炸反应相分类。

（1）按爆炸的性质分类

1）物理爆炸。物理爆炸是由物理作用，如温度、体积和压力等因素变化引起的，在爆炸的前后，爆炸物质的性质及化学成分均不改变。

2）化学爆炸。化学爆炸是易燃易爆物质迅速发生化学反应，产生大量急剧膨胀的气体，并伴随大量的能量释放的过程，属于最常见的爆炸。能发生化学爆炸的物质，不论是爆炸性物质（如炸药），还是可燃气体与空气的混合物，都是相对不稳定的系统，在外界一定强度的能量作用下，能发生剧烈的放热反应，产生高温高压和冲击波，从而引起强烈的破坏作用。

3）核爆炸。核爆炸是剧烈核反应中能量迅速释放的结果，具有极大的杀伤力，可由核裂变、核聚变或者这两者的多级串联组合所引发。

（2）按爆炸反应相分类

1）气相爆炸。绝大部分气相爆炸是化学爆炸，且是在气体中发生的爆炸。气相爆炸包括单一气体由于分解反应产生大量的热引起的爆炸；雾状液体在剧烈燃烧时引起的爆炸；可燃气体和气态助燃剂以适当浓度混合，遇点火源而引起的爆炸；悬浮于空气中的可燃粉尘由于剧烈燃烧而引起的爆炸等。

2）液相爆炸。液相爆炸是物质在液相和气相间发生急剧相变化时的现象。液相爆炸包括聚合爆炸、蒸发爆炸以及由不同液体混合所引起的爆炸，如硝酸和油脂混合时引起的爆炸；熔融的矿渣与水接触时，由于过热发生水的快速蒸发而引起的蒸汽爆炸等。

3）固相爆炸。固相爆炸是指某些固态物质发生剧烈反应形成的爆炸。固相爆炸包括爆炸性化合物及其他爆炸性物质的爆炸，如乙炔铜的爆炸；因电流过载造成导线过热，导致金属迅速汽化而引起的爆炸等。

10．爆炸的危害有哪些?

爆炸的危害主要体现在：爆炸冲击波的破坏作用、碎片的冲击作用、爆炸的震荡作用引发的结构破坏和一系列次生灾害，如火灾、噪声和爆炸毒气等。

（1）冲击波

爆炸会形成高温、高压，且具有大量能量的气体，并以极高的速度向周围膨胀，强烈压缩周围静止的空气，使其压力、密度和温度突然升高，像活塞运动一样推动其前进，产生波状气压向四周扩散冲击。爆炸物质的数量与冲击波的温度成正比，而冲击波的压力与冲击距离成反比。爆炸产生的冲击波能造成附近建筑物的破坏，其破坏程度与冲击波能量的大小、建筑物的坚固程度以及冲击距离有关。爆炸产生的冲击波对人体和建筑物都会产生伤害和破坏。

1）冲击波对人体的伤害主要表现为对内脏、鼓膜等器官的破坏作用。人员伤害等级与冲击波超压值的对照见表 1-6。

表 1-6　人员伤害等级与冲击波超压值对照表

伤害等级	超压值 /10^5 Pa	伤害情况
轻微	0.2 ~ 0.3	轻微挫伤
中等	0.3 ~ 0.5	鼓膜损伤、中等挫伤、骨折
严重	0.5 ~ 1.0	内脏严重挫伤，可引起死亡
极严重	>1	人员死亡

2）冲击波对建筑物的危害。爆炸冲击波损伤破坏准则有超压准则、冲量准则、超压 – 冲量准则等。由于爆炸冲击波的超压值较容易测量和估算，因此超压准则是衡量爆炸损伤效应常用的准则之一。超压准则认为，当爆炸冲击波达到一定超压值

时，便会对结构构件或人员造成某种程度的破坏。

（2）碎片冲击

爆炸的机械破坏效应会使容器、设备、装置以及建筑材料等的碎片在相当大的范围内飞散而造成伤害，碎片飞散的距离一般为 100～500 m。

（3）震荡作用

发生特别猛烈的爆炸时，在遍及破坏作用的区域内有一个使物体震荡，并使其结构变得松散的力量，这就是震荡作用。例如，某市的亚麻厂发生的麻尘爆炸，有连续三次爆炸，结果在该市地震监测部门的地震检测仪上，记录了在 7 秒之内的曲线上出现三次高峰。在爆炸波及的范围内，这种爆炸产生的地震波会造成建筑物的震荡、开裂、松散、倒塌等。

（4）次生灾害

一般爆炸气体扩散只发生在极其短暂的瞬间，对大部分物质来说，不足以造成火灾。但是在设备被破坏之后，从设备内扩散到空气中的可燃气体或液体的蒸气在遇其他点火源（电火花、碎片打击金属的火花等）时会被点燃，造成火灾；高处作业人员受到冲击波的作用，容易造成高处坠落事故；粉尘作业场所中，轻微的爆炸冲击波就能使积存于地面上的粉尘扬起，容易造成更大范围的次生灾害。此外，化工或煤矿行业发生的爆炸往往会产生大量有毒有害气体。比如，瓦斯爆炸会消耗大量氧气，同时产生大量的有害气体，如一氧化碳；若有煤尘参与爆炸，产生的一氧化碳会更多，造成的人员伤亡也会更严重。瓦斯、煤尘爆炸事故中绝大多数的伤亡都是因为一氧化碳中毒、窒息引起的。

11. 火灾爆炸事故的常见原因有哪些？

火灾爆炸事故发生的原因极其复杂。在生产过程中发生的事故主要是人员操作失误，生产设备、环境和物料等处于不安全状态，安全管理不严谨等造成的。因此，火灾爆炸事故发生的原因基本上可以从人、设备、环境、物料和管理等方面进行分析。

（1）人的原因

大量火灾爆炸事故的调查和分析结果表明，有不少事故是由于操作者或者其他从业人员缺乏相关的消防安全知识，在操作过程中存在侥幸心理、思想麻痹、违章操作，产生不安全行为而导致的。比如在工作场所吸烟、玩手机等不良行为，极易为事故的发生埋下祸根。

（2）设备的原因

设备的原因主要是设计阶段对安全技术的研究不充分，具体包括以下四点。

1）工艺设计有误，计算出现差错，材料选择及结构设计不当等；

2）对化学反应过程认识不足，灭火设施设计不当，工厂、仓库等的规划、设计不当，装置的布置不符合防火规范要求；

3）安装、制造、维修质量不符合要求，操作规程有误或不够全面，检查制度没有可靠保障等；

4）设计错误且不符合防火与防爆的要求，设备出现故障不及时维修，设备超负荷运转，设备上缺乏必要的安全防护装置，密闭不良，制造工艺存在缺陷等。

（3）环境的原因

环境的原因主要包括潮湿、高温、通风不良等。

（4）物料的原因

一些可燃物自身存在易燃易爆特性，易在不良环境中发生自燃、阴燃等。此外，各种危险物品的相互作用，以及在运输装卸时受剧烈震动、撞击等也会导致火灾爆炸事故的发生。

（5）管理的原因

1）操作管理不善。如分工不明确，人员分配不当，开车前督促检查不细，命令有误，操作把关不严等。

2）工程管理不严。如对工程设计审核不细，有遗漏；缺乏工艺分析；对装置的运行环境缺少调查研究等。

3）对法律、规范的执行情况监督不严，措施不够得力等。

4）未落实安全生产责任制，规章制度不健全，没有安全操作规程，没有设备的计划检修制度。

5）生产用窑、炉、干燥器以及通风、采暖、照明设备等失修。

6）生产管理人员不重视安全，不重视安全教育培训和宣传等。

（6）其他因素

1）用电不当，乱拉电线，电线超负荷，电气设备及电线不定期检查；

2）存有易燃易爆等危险货物的库房（场所）未使用防爆灯具；

3）电气设备短路、电流增大，大量电能转变为热能，温度升高，引燃附近易燃物或可燃物；

4）接触电阻过大，造成大量电能转变为热能，使接触点处温度升高，引燃附近可燃物；

5）不同物质相互摩擦而产生的静电发生电荷转移，出现静电火花，引起火灾或爆炸；

6）运输、装卸、包装不当，导致危险货物摩擦、撞击起火；

7）周围环境与货物接触太近，如热源、火源与货物接触，水与遇水燃烧的货物接触；

8）雷击起火。

12. 火灾爆炸事故的特点有哪些?

火灾爆炸事故无论在生活还是生产中都普遍存在，是不可低估的事故类型，普遍性、严重性、突发性、复杂性是其显著特点。

（1）普遍性

火灾爆炸事故发生的范围普遍，在各地、各行业、各企业，从工艺操作、设备管道、生产维修、设计制造到违章指挥、违章作业、管理漏洞都可能导致火灾爆炸事故的发生。

火灾爆炸事故的特点首先是具有普遍性。

（2）严重性

不论是火灾还是爆炸事故都会造成巨大的经济损失和人员伤亡，打乱企业的正常生产秩序，后果严重。不仅会迫使企业停产，甚至还会使国家财产蒙受巨大损失，严重影响社会正常秩序。有时火灾与爆炸同时发生，损失更为惨重。

（3）突发性

火灾爆炸事故往往是突然发生的，随机性强。由于目前对火灾爆炸事故的监测、报警等手段缺乏可靠性、实用性和广泛性，从业人员对火灾爆炸事故发生的规律及其征兆了解甚微，不能及时发现火灾爆炸事故发生的隐患，致使火灾爆炸事故的预防、处理和救援都存在较多漏洞。

（4）复杂性

发生火灾爆炸事故的原因往往比较复杂。例如，点火源包括明火、化学反应热、物质的分解自燃、热辐射、高温表面、撞击或摩擦、绝热压缩、电气火花、静电放电、雷电和日光照射等；可燃物包括各种可燃气体、可燃液体和可燃固体，特别是化工企业的原材料、化学反应的中间产物和化工产品，大多属于可燃物。火灾爆炸事故发生后，房屋倒塌、设备炸毁、人员伤亡等各种复杂情况，也会给事故原因的调查分析带来不少困难。

二、应急管理相关概念

13. 突发事件的定义和相关概念是什么？

（1）突发事件的定义

《中华人民共和国突发事件应对法》（以下简称《突发事件应对法》）中对突发事件的定义是：突然发生，造成或者可能造成严重社会危害，需要采取应急处置措施予以应对的自然灾害、事故灾难、公共卫生事件和社会安全事件。

（2）突发事件的相关概念

1）风险。风险是指对某事件或后果的不确定性的影响，是可能引起突发事件的潜在有害因素。风险包括可能性和不利后果两个要素，可能性是风险发生的概率，不利后果是风险变为现实后可能造成的影响，从风险与突发事件的关系来看，风险是突发事件的潜在形式，风险一旦成为现实，就构成突发事件。

2）灾害。灾害是能够给人类和人类赖以生存的环境造成破坏性影响的事物总称，在我国通常指自然灾害。

3）灾难。灾难是指因自然或人为因素导致的灾祸，会造成大量人员伤亡、财产损失，有时彻底改变自然环境。灾难往往指严重的灾害或严重的事故。

4）事故。事故是人们在为实现某种意图而进行的活动过程中，突然发生的、违反人的意志的、迫使活动暂时或永久停止，造成意外死亡、疾病、伤害、损坏或其他严重损失的情况。当事故达到危害公共安全的程度时，就成为事故灾难。

5）危机。危机也称危机事件，可以定义为一种使人员、企业或社会遭受严重损失或面临严重损失威胁的突发事件。就其外延看，危机与突发事件有交叉关系。有些危机属于政治、军事和外交领域，不属于突发事件的范畴；有些突发事件属于常规突发事件，没有达到危机的程度。因此，危机作为突发事件的一种形态，一般是指影响较大、危害程度较高的重大突发事件或非常规突发事件。

14. 突发事件基本类型和分级是如何规定的?

（1）突发事件的基本类型

《国家突发公共事件总体应急预案》中根据突发事件的发生过程、性质和机理，将突发事件分为自然灾害、事故灾难、公共卫生事件和社会安全事件四类。

1）自然灾害。主要包括水旱灾害、气象灾害、地震灾害、地质灾害、海洋灾害、生物灾害和森林草原火灾等。

2）事故灾难。主要包括工矿商贸等企业的各类安全事故、交通运输事故、公共设施和设备事故、环境污染和生态破坏事件等。

3）公共卫生事件。主要包括传染病疫情、群体性不明原因疾病、食品安全和职业危害、动物疫情，以及其他严重影响公众健康和生命安全的事件。

4）社会安全事件。主要包括恐怖袭击事件、经济安全事件和涉外突发事件等。

（2）突发事件的分级

《突发事件应对法》规定，按照社会危害程度、影响范围等因素，自然灾害、事故灾难、公共卫生事件分为特别重大、重大、较大和一般四级。

1）特别重大突发事件。事态非常复杂，对一个或多个省级行政区的社会秩序造成严重危害和威胁，已经或可能造成特别重大人员伤亡、财产损失或环境污染等后果，需要国务院或其组成部门调度全国资源进行处置的突发事件。

2）重大突发事件。事态复杂，对多个县级行政区范围内的社会财产、人身安全和社会秩序造成严重危害和威胁，已经或可能造成重大人员伤亡、财产损失或生态环境破坏后果，需要省级人民政府调度辖区有关资源进行处置的突发事件。

3）较大突发事件。事态比较复杂，对县级行政区一定范围内的社会财产、人身安全和社会秩序造成严重危害和威胁，已经或可能造成较大人员伤亡、财产损失或环境污染等后果，但只需要事发地县级人民政府调度辖区有关资源就能够处置的突发事件。

4）一般突发事件。事态比较简单，仅对某辖区较小范围内的社会财产、人身安全和社会秩序造成危害和威胁，已经或可能造成人员伤亡或财产损失，但只需要事发地单位或社区调度辖区资源就能够处置的突发事件。

15. 突发事件的发生机理是什么？

突发事件的发生机理可以按照事件起源的逻辑去分析，但是不同类型的突发事件有各自不同的内在规律性，比如毒气泄漏，要优先考虑环境的因素和灾害的特性，如果在公路上发生这类事件，就要考虑气体扩散等因素的影响；如果发生在水面，就要考虑水流的方向、速度、下游的具体情况等，以便在最佳的时机采取最佳的应对策略和方案。除了环境因素，事件本身的内在规律性也会影响应对策略和方案，比如在同一地点同时出现氯气泄漏和氰化物泄漏，由于其扩散的特征不同，需要采取的处理措施也完全不同。在机理的体系中，应该先确定原则性机理，再进行原理性机理的探索，然后通过优化的流程性机理进入实践分析环节，最后考虑现实的约束，确定具体的流程性处置机理。

以生命周期理论为基础，分析突发事件的发生机理，可将突发事件划分为孕育阶段、爆发阶段、发展阶段、衰退阶段和终结阶段。

将突发事件按阶段划分为孕育阶段、爆发阶段、发展阶段、衰退阶段和终结阶段。

（1）孕育阶段

孕育阶段为全生命周期的第一阶段，包括能量的潜伏和扩散。在潜伏期，能量开始聚集，且出现少量溢出。前期损失不被有效观测，后期测得少量损失数值。虽然损失呈上升态，但由于能量溢出有限，危机状态并不显著。随着时间的推移，灾害能量开始扩散，损失波动增加并逼近发生点。

（2）爆发阶段

灾害能量超出承灾体的承受能力，即灾害能量突破事件发生阈值，事件进入爆发阶段，且承灾体受灾状况开始急剧恶化。

（3）发展阶段

灾害能量爆发至一定程度后，整个危机状态确定，损失结果形成。此时，如果突发事件没有进一步发展，则危机状态趋于平稳，但损失状态仍处于高位。发展阶段存在很大的演化可能，若出现衍生、耦合等多类型演化子事件，则子事件所造成的危机态势会进一步恶化。此时，爆发阶段重现，灾害能量继续加剧，危机状态变为不确定，损失进一步增加。发展阶段所存在的转化、蔓延、演化和耦合是应急管理的重难点，也是构成突发事件发展机理的关键部分。

（4）衰退阶段

不管是灾害能量的自然衰减还是人为能动作用的影响，衰退阶段本质上是灾害能量释放过程的减缓或转移。随着应急管理工作的全面开展，事件进入衰退阶段，对应了应急管理的响应阶段。通过事件信息的高效获取、救援队伍的科学反应、应急指挥的重点应对和关键设施的快速恢复等，灾区受损情况极大缓解，直至又一次经过危机阈值，衰退阶段结束。

（5）终结阶段

一般来说，衰退阶段不代表事件的彻底终结，由于事件损失依然存在，因此还需经历终结阶段的长尾效应，不过也存在瞬时终结的情况。在这一阶段要力求全面恢复，主要工作是在前期止损的基础上将承灾体恢复至突发事件出现前的状态。

16. 应急管理的定义和主要特征是什么？

（1）应急管理的定义

应急管理是指政府及其他公共机构在突发事件的事前预防、事发应对、事中处置和善后恢复过程中，通过建立必要的应对机制，采取一系列的必要措施，应用科学、技术、规划与管理等手段，保障公众生命健康和财产安全，促进社会和谐健康发展的有关活动。

（2）应急管理的主要特征

应急管理是一项重要的公共事务，既是政府的行政管理职能，也是社会公众的法定义务，具有与其他行政活动不同的特点。

1）政府主导性。政府主导性体现在两个方面。一方面，政府主导性是由法律规定的。《突发事件应对法》规定，县级人民政府对本行政区域内突发事件的应对工作负责，涉及两个以上行政区域的，由有关行政区域共同的上一级人民政府负责，或者由各有关行政区域的上一级人民政府共同负责。这一规定从法律上明确界定了政府的责任。另一方面，政府主导性是由政府的行政管理职能决定的。政府掌管行政资源和大量的社会资源，拥有严密的行政组织体系，具有庞大的社会动员能力，只有由政府主导，才能动员各种资源和各方面力量开展应急管理工作。

2）社会参与性。《突发事件应对法》规定，公民、法人和其他组织有义务参与突发事件应对工作。这一规定从法律上明确了应急管理的全社会义务。尽管政府是应急管理的责任主体，但是没有全社会的共同参与，突发事件应对不可能取得好的效果。

3）行政强制性。在处置突发事件时，政府应急管理的一些原则、程序和方式将不同于正常状态，权力将更加集中，决策和行政程序将更加简化，一些行政行为将带有更大的强制性。当然，这些非常规的行政行为必须有相应法律、法规作保障。应急管理活动既受到法律、法规的约束，需正确行使法律、法规赋予的应急管理权限，同时又可以以法律、法规作为手段，规范和约束管理过程中的行为，确保应急管理措施到位。

4）目标广泛性。应急管理追求的是社会安全、社会秩序和社会稳定，关注的是经济、社会、政治等方面的公共利益和社会大众利益，其出发点和落脚点是把人民群众的利益放在第一位，保障人民群众的生命财产安全，保障人民群众安居乐业，为社会全体公众提供全面优质的公共产品，为全社会提供公平公正的公共服务。

5）管理局限性。一方面，突发事件的不确定性决定了应急管理的局限性；另一方面，突发事件发生后，尽管管理者作出了正确的决策，但指挥协调和物资供应任务十分繁重，要在极短时间内指挥协调各有关部门并保障物资供应充足，这本身就是一项艰巨的工作，特别是一些没有出现过的新的突发事件，物资保障更是难以满足。加之受到突发事件影响的社会公众往往处于紧张、恐慌、激动之中，情绪不稳定，进一步加大了应急管理难度。

6）公共性。应急管理不仅包括政府的应急管理，也包括企业和其他社会组织的应急管理。应急管理以政府为主导，主要针对的是公共突发事件，国家权力机关对应急管理依法负有重要责任。国家和各级政府通过法律法规和各种公共管理工具为应急管理工作设定体系框架；而企业、非政府组织、社区等的应急管理从属于国家的应急管理体系。所以应急管理具有鲜明的公共性。

7）以突发事件为中心。应急管理是围绕突发事件展开、以消除或削弱突发事件的负面影响为目标的管理。应急管理工作要围绕突发事件的全过程展开。在事前要尽量避免突发事件的发生，做好处置准备；事中要做好突发事件应急处置工作；事后要做好一系列善后工作。应急管理各阶段工作要彼此相互联系、相互衔接、相互支撑，形成良性循环。

8）宏观微观兼备。一方面，由于应急管理的公共性，应急管理表现为一种宏观的公共政策；另一方面，由于其以事件为中心的属性，应急管理过程也表现为一种特殊的微观管理操作过程。所以应急管理是宏观微观兼备的管理。

9）组织集权化。突发事件的不确定性、破坏性和扩散性，决定了应急管理的主体行使处置权力必须快速、高效，因而要求整个组织严格按照一体化集权方式管理和运行，上下关系分明、职权明确，有令必行、有禁必止，奖罚分明。所以应急管理是强调统一领导、统一指挥、统一行动的一体化集权管理。

10）职责双重性。在各国现阶段的应急管理实践中，除了部分应急管理人员从事专业应急管理工作，大多数应急管理参与主体来自不同的领域和工作部门，在正常的情况下，他们从事社会的其他工作，只有在需要时，才参与应急管理工作，担负应急管理方面的职责。

11）结构模块化。应急管理组织中每个单元体都有类似的内部结构和相似的外部功能，是一个独立的功能体系，由不同单元体组成的应急处置体系也具有相似的结构和功能，具有模块化的组织结构。遇有不同类型、不同级别和不同区域的突发事件时，可通过灵活快速的单元体组合，形成相应的应急处置体系。

17. 应急管理的核心理念是什么？

应急管理理念是指应急管理机构和应急管理人员所遵从的一系列管理突发事件应对活动的指导思想与工作原则。广义地说，应急管理理念既可能属于一个应急管理体系，也可能属于一个应急管理团队或个人。正确的、符合时代发展需要的应急管理理念，有助于做好各项应急管理工作。相反，不当的应急管理理念或者应有的应急管理理念缺位都会妨碍应急管理工作的正确开展。

应急管理是在风险管理、协调管理、危机管理和应急处置之间错综复杂的相互关系的基础上形成的，由应急管理基础、实务和方法构成的科学管理思想。当今世界，有效预防和妥善处置各种突发事件已经成为各国和社会各界共同面临的严峻挑战，加强合作、积极沟通，逐渐成为各国共识。现代应急管理的核心理念如下。

（1）以人为本，生命至上

在应急管理过程中，要做到尊重生命、善待生命，把人民群众生命安全和民生保障作为首要目标。

（2）政府主导

政府应发挥应急管理的主导作用，但不能仅仅依靠政府，企事业单位、社会组织、公众、志愿者等也是应急管理的重要主体，应成为应急管理工作的核心依托。

（3）预防为主

应急管理工作要从单纯的事件处置向事前预防与事件处置并重转变，注重风险管理，变被动应对为主动预防，从更基础的层面减少突发事件的发生或降低事件带来的危害和损失。

（4）科学应对

应急管理是一门科学，必须尊重客观规律，注重学习，利用现代科学技术优化整合各类资源，加强技术研发，形成集监测预警、指挥调度、应急救援、后勤保障等为一体的应急机制，确保应急管理科学、有序、高效地开展。

（5）综合协调

随着科学技术的发展，当今世界突发事件频发且事件成因更加复杂，影响更加深远，必须建立地区之间、行业之间、部门之间、军民之间以及世界各国之间的密切合作机制。

（6）公开透明

开展应急处置的同时，必须实事求是，加强与社会各界的信息沟通，加强应急新闻宣传和舆情引导。

（7）依法应对

应急管理必须纳入法治化轨道，虽然事态紧急，但应急管理必须有法可依、有章可循。

18. 应急管理的相关理论都有哪些?

应急管理作为典型的自然科学与社会科学交叉的综合性学科，其研究内容包罗万象，不仅囊括自然灾害、事故灾害等全领域灾害类型，而且涉及从减轻阶段到恢复阶段的全周期时段；不仅研究管理机能提高的促进方式，而且其研究对象覆盖所有应急管理的参与者和当事人。在具体研究过程中，这些部分绝不是相对独立的，而是相互交叉、彼此融合，共同构成一个有机整体。

（1）应急管理与协同学的结合

协同学强调，一个系统从无序向有序转化的关键在于组成该系统的各子系统在一定的条件下，通过非线性的相互作用能否产生相关效应和协同作用，并通过这种效应或作用产生结构和功能有序的系统。突发事件应急管理的协同合作机制是指为及时、有效地预防和处置突发事件，政府、非政府组织、企业、公众、媒体通过自觉地组织活动，使应急管理系统中各种处于无序状态的要素转变为具有一定规则和秩序的相互协同的自组织状态，因此而建立起来的应急工作制度、规则与程序。

应急管理协同学涉及"跨部门协作"和"多元治理"理念，强调日益复杂的突发事件急需加强跨地区、跨部门的协同治理，构建应急管理协同网络，通过资源共享、信息共享、知识共享达到对应急管理的全覆盖；同时重视系统的多元协同特征，认为应急管理的主体不仅仅是政府，还应该有意识地让更多的非政府组织、企业、公众等通过有序的途径参与到应急管理的各个环节中，充分发挥各个主体的优势，为政府分担、降低行政成本。

（2）应急管理与经济学的结合

应急管理经济学中的灾害经济理论，从成本与效益的角度研究灾害。灾害会对宏观经济运行和个体行为产生影响，主要表现在以下四个方面。

1）灾后投资收益效应。内在的社会经济机制可以有足够的能力阻止绝大多数对经济和社会有威胁的次生灾害的发生，社会经济机制包括良好的市场条件下形成的经济调节机制和社会应急系统。

2）人力资本积累效应。在面临短期的和临时性的风险冲击时，为了抵御短期风险和长期的潜在风险，人们会探索新知识和新技术。自然灾害作为短期风险，会迫使人们学习新知识以防范外部冲击，进而提升自身的人力资本水平。

3）灾害与个人消费决策。灾害作为一种外部冲击，会导致灾后家庭收入降低，受收入变动影响，个人的消费行为也会发生变化。有研究发现，灾害会提高保险消费水平，这是因为，一方面，灾害的发生会促使保险公司推出更加完备的保险方案；另一方面，灾害造成的严重损失会促使人们去购买保险。

4）自然灾害与人口迁移。通过主动的迁移行为来改变初始的生存环境，迁移到更安全的地方以降低灾害风险，从源头上减小灾害冲击对家庭生活质量的影响。

（3）应急管理与心理学的结合

应急管理心理学中的灾害心理学是研究灾害与心理关系的科学，其主要任务是揭示受害者在灾害过程中的心理活动规律，它是在灾害学和心理学的交叉点上产生的综合性应用心理学。灾后最常见的心理创伤被称为创伤后应激障碍。从临床心理学的角度来看，灾害性心理应激事件的防范和应对机制主要有两种：一种是心理干预，主要是外界对受害者提供支持和帮助，使其心理创伤尽快得到抚慰；另一种是个体的自我调适，个体自身具有自我调适能力，面对灾害性心理应激事件，个体能对自身的认知、情感、行为等因素进行调整，有效地防范和应对心理应激事件。

（4）应急管理与传播学的结合

传播学中的危机传播理论，研究危机发生过程中的传播和沟通现象与规律，探讨通过媒介管理和沟通管理改善危机管理者的危机沟通工作。在危机面前，大众传媒可以成为社会风险的守望者和预警者、社会舆论的引导者、集体行动的沟通者、不当行为的监督者、社会心理的救治者。在新媒体时代，正确引导大众传媒发挥积极功能，控制谣言等负面言论传播，对应急管理工作具有重大意义。

19. 什么是应急管理的"一案三制"？

"一案三制"是指应急管理中的应急预案和应急管理体制、机制、法制。

（1）应急预案

应急预案是针对可能发生的突发事件，为保证迅速、有序、有效地开展应急与救援行动，降低人员伤亡和经济损失而预先制订的有关计划或方案。应急预案是应急管理的重要基础。我国的应急预案体系包括国家总体预案、专项预案、现场预案三个层次。

在我国应急管理体系设计之初，应急预案的作用不单是为有效应对各类突发事件提供迅速、有效、有序的行动方案，而且还发挥着"一案"促"三制"的作用。应急预案的编制与实施为应急管理体制、机制、法制的建设与完善提供了源源不断的动力和基础性支撑。我国建立统一领导、综合协调、分类管理、分级负责、属地管理为主的应急管理体制的构想，直接来源于国家总体预案；各类应急管理机构，包括应急指挥机构及其办事机构、专家咨询机构、应急救援队伍的设立和职责体现了应急预案的要求。应急预案中的运行机制包含的预防准备、监测预警、信息报告、决策指挥、公共沟通、社会动员、恢复重建、调查评估、应急保障等，成为各级政府突发事件应急管理全过程中各种制度化、程序化的方法与措施的基础。我国的国家级、省级应急预案，在应急管理实践中发挥了重要的规范和指导功能，已经成为应急法律体系的一部分；此外，国家总体预案中的重要内容直接成为其后颁布的《突发事件应对法》中的条款。

（2）应急管理体制

应急管理体制是指各级政府或各类社会组织对应急管理的组织体系作出的制度性安排，包括机构设置、人员配备、物资装备配置、职责划分等。《突发事件应对法》规定，国家建立统一领导、综合协调、分类管理、分级负责、属地管理为主的应急管理体制。

（3）应急管理机制

应急管理机制是指各级政府或各类社会组织，在应急管理工作中探索出的行之有效的各种规范化、程序化的方法与措施。应急管理机制涵盖突发事件事前、事发、事中和事后全过程，主要包括预防准备、监测预警、信息报告、决策指挥、公共沟通、社会动员、恢复重建、调查评估、应急保障等内容。《国家突发公共事件总体应急预案》提出，要构建统一指挥、反应灵敏、功能齐全、协调有序、运转高效的应急管理机制。

（4）应急管理法制

应急管理法制是指在深入总结应急管理实践经验的基础上，将应急管理的政策、体制、机制上升为一系列的法律、法规和规章，使突发事件应对工作基本上做到有章可循、有法可依。我国目前已基本建立了以《中华人民共和国宪法》为依据、以《突发事件应对法》为核心、以相关单项法律法规为配套的应急管理法律体系，应急管理工作也逐渐进入了制度化、规范化、法制化的轨道。

20.　应急管理有哪些过程？

《突发事件应对法》规定，突发事件应对包括预防与应急准备、监测与预警、应急处置与救援、事后恢复与重建四个方面，这也通常被理解为应急管理的四个阶段。

（1）预防与应急准备

1）预防。预防是指为了消除突发事件出现的机会和减轻突发事件造成的危害所做的各种预防性工作。有的突发事件是可以预防的，有的突发事件是无法避免的，但可以通过采取措施减轻突发事件的危害后果，最为普遍的措施就是做好风险管理工作，及早预测可能面临的风险及危害后果，从而制定和采取相应的预防措施。

2）应急准备。应急准备是指为了应对潜在突发事件所做的各种准备工作，主要包括应急体系建设规划与实施、应急预案管理，以及一系列应急保障准备。应急保障准备包括：建立预警系统，及时对事态作出准确评估；搭建信息平台，为应急指挥决策提供信息支撑；夯实人力、物力、科技等保障，注重设备的日常保养，使之随时都处于可动用状态。

（2）监测与预警

1）监测。监测是指在突发事件发生前后，利用各种设备与人员等手段对自然灾害、事故灾难和公共卫生事件的危险要素及其先兆进行持续不断的监测，收集相关数据与信息，分析与评估突发事件发生的可能性及其可能造成的后果，并及时向有关部门汇报监测情况，以便发布预警信息。监测有以下六层含义：一是监测涉及突发事件的事前、事发、事中和事后全过程；二是监测的目的是为决策者提供决策参考，及时发布预警信息；三是监测的手段包括技术与人员等方式；四是监测的对象是各类突发事件的危险要素及其先兆；五是监测的过程主要是对收集到的数据与信息进行研究判断，上报评估结果；六是监测是实时的、动态的监视与测量。

2）预警。预警是指根据监测的结果，在自然灾害、事故灾难和公共卫生事件等突发事件发生或者到来之前，将风险信息及时告知潜在的受影响者，使其做好相应的避险准备。预警有以下五层含义：一是预警发布时间是在突发事件还没发生，或者已经发生但是尚未到来之前，如果在突发事件已经发生并且到来之后才对外发布信息，那就不再是预警，而是事后公告；二是预警主体是提前获知突发事件即将或可能来临的组织或个人；三是预警客体是潜在的受影响者，包括受灾群众、应急管理机构、媒体、救援人员、志愿者等；四是预警内容是有关可能发生或者已经发生但是尚未到来的突发事件的风险信息及行动建议；五是预警目的是警告潜在的受影响者，并通过提供行动建议，促使其采取合理的避险措施。

（3）应急处置与救援

应急处置与救援可以分为以下三个阶段。

1）重点响应期。这一时期是事发地基层紧急投入拯救生命的行动中，其余各层级紧急响应的紧急期。在一定程度上，这一时期也是无序期。到响应期末，各个层级的应急指挥体系大多较为完整地建立起来。

2）全面响应期。这一时期在黄金救援期内，既是各项救援工作全面展开的时期，也是此次应急处置行动中人员搜救、基础设施抢修任务异常繁重的时期。

3）深度响应期。这一时期是各项工作秩序基本形成，把受灾群众安置、次生灾害防治作为重点工作的时期。

（4）事后恢复与重建

突发事件的威胁和危害得到基本控制和消除后，应当及时组织开展事后恢复工作，以减轻突发事件造成的损失和影响，尽快恢复生产、生活和社会秩序，妥善解决突发事件引发的矛盾和纠纷，并在条件允许时，对基础设施等进行升级重建。

21. 应急管理的主要职能是什么？

应急管理的主要职能有计划、组织、领导、沟通和控制。应急计划是指应急管理机构针对突发事件的预防与应急准备、监测与预警、应急处置与救援、事后恢复与重建等应对活动制定并实施战略规划、行动方案的过程；应急组织是指在应急管理各个环节中，对应急管理主体和人力资源进行有效整合的机制与过程；应急领导是指在应急管理过程中，应急领导者把握自我、动员他人，完成突发事件应对任务的领导行为；应急沟通是指政府和其他应急管理主体与其体系内部，以及与媒体、公众等沟通信息、相互交流的过程；应急控制是指在应急管理工作中，应急管理主体对相关单位、组织和人员的活动进行监督检查，从而全面妥善地应对和处置突发事件的过程。

22. 如何识别和评估潜在的危险与威胁？

识别和评估潜在的危险与威胁的基本过程包括：识别和评估风险、估计能力需求、建立和维持所需的能力水平、规划应用能力、验证能力、评价和更新。

（1）识别和评估风险

开发和维护能够对所面临的一系列风险进行识别的平台，并且将信息用于建立和维持应急准备。收集有关威胁和灾害的信息，评估后果或影响。

（2）估计能力需求

估计能力需求可以采用情景分析方法，其基本步骤包括：

定义情景、识别任务、确定关键任务、分析需要的能力、确定优先能力、确定能力目标。

（3）建立和维持所需的能力水平

在分析现有的和所需要的能力并查明能力差距后，根据所期望的结果、风险评估结果以及不解决差距的可能后果，对这些差距进行排序，以最有效地确保安全性和恢复力。建立和维持所需的能力水平是一个涉及组织、资源、装备、培训和教育的综合过程。

（4）规划应用能力

对发生概率低、后果严重的非常规突发事件进行规划是一项复杂的任务，需通过思考潜在的风险、判断能力要求，以解决风险评估过程中发现的集合风险。

（5）验证能力

定期开展针对特定情景的应急演练活动，不仅可以检验预案，而且可以检验应急能力的改善和提升情况。突发事件发生后的应急处置，更是对应急能力的实践考验。应在演练与实践中观察并记录应急能力的表现情况，事后提交评估总结报告。

（6）评价和更新

根据演练和实战情况，适时或定期开展应急能力和应急绩效评价，总结吸收经验教训。可采取自评、专家评价、演练评价、信息系统自动评价等多种方式。评价结果可提供一个地区应急能力的全方位指标，使有关决策者更清楚地了解应急能力现状，更合理地配置资源。

23. 发生突发事件后，如何确保信息流通和通信效率？

（1）突发事件信息报告的原则

突发事件信息报告是维护社会稳定的重要工作。随着群众安全意识的提高，新闻媒体、社会舆论对突发事件的关注度越来越高，在信息报告方面稍有不慎就有可能造成民众恐慌、社会失稳。信息报告处理得当，有利于快速有效处置事件，避免造成严重的不良社会影响。为更好地发挥突发事件信息报告的作用，信息报告应遵循以下原则：分级报告原则（分为一般、较大、重大和特别重大四个级别）、主动性原则（主动调查核实突发事件信息并上报）、准确性原则（报告的信息符合完整性、真实性和有效性的要求）、时效性原则（快速掌握信息并报告信息）以及"零报告"原则（无论是否有新情况、新变化、新进展都要报告）。

（2）突发事件信息报告的程序

在程序上，突发事件信息报告分为初报、续报和核报，且都有相应的报告时限。初报信息包括信息来源、接报时间、发生时间、伤亡人数、财产损失、后果、事件过程等基本内容；续报信息包括数据核实、危害程度、影响范围、处置措施、保障情况、事件处置进展情况等基本内容；核报信息包括在初报和续报的基础上汇总事件基本情况、处置情况、目前情况、下一步工作计划（包括善后、重建及评估）等内容。对突发事件及处置的新进展、可能衍生的新情况要及时续报，突发事件处置结束后要进行核报。

（3）突发事件信息报告的内容和方式

做好突发事件信息报告工作意义重大、影响深远，要求相关人员要从履行法定职责和及时处置突发事件的角度充分认识到工作的重要性和紧迫性。在信息报告内容方面，要求内容简明、准确，应包含以下要素：时间、地点、信息来源、事件起因和性质、基本过程、后果、影响范围、事件发展趋势、处置情况、拟采取的措施以及事发地现场应急管理人员信息和联系方式等。

在信息报告方式方面，报告的方式有专用报告系统、电话、邮件、短信、微信等。一般情况下应通过书面形式报告；紧急情况下可先通过电话口头报告，再书面报告。

24. 如何实现政府部门、非政府组织、企业和公众之间的协同作战？

政府在突发事件中起重要的领导和组织作用。政府需要制定相应的应对措施和预案，并将其纳入政府工作体系和法律法规体系。政府部门之间需要加强沟通，形成统一的指挥体系和信息共享机制。在应对突发事件时，政府需要建立跨部门、跨地区的联防联控机制，通过建立协同工作机制和应急响应机制，政府不同部门之间可以更加密切地协作，取得协同作战的效果。此外，政府还应加强与社会各界的合作和协作，形成全社会参与突发事件应对的合力。

非政府组织可以运用财政补贴、信贷倾斜、税费减免、政府购买服务等途径予以支持。对于志愿者个人，要为其提供必要的社会保障和扶助救济，可以采取物质激励和精神激励相结合的方式进行考核奖励，广泛调动社会力量参与应急协作的积极性，营造全社会争相参与应急管理工作的良好氛围。发挥社会力量的群众性优势和辐射带动作用，做好风险和灾情信息的收集汇总，协助完成舆情管控工作，为政府开展政策评估和应急决策提供支持。

企业可以以较低的成本补充完善应急物资储备，依托库房、人员和设备代储等方式储备政府无法大量囤积的应急物资，平时企业正常流转，紧急时保障应急需要，提升全社会应急储备水平。此外，还要提升应急技术装备核心竞争力，加快推进应急领域的自主创新和技术进步，特别是关键技术、先进工艺和重要设备的研发，催生应急服务新业态，调整完善应急产品和服务综合应用解决方案，增强防范和处置突发事件的产业支撑能力。

　　公众可以通过各类应急电话和其他各种途径及时报告突发事件，根据具体情况，利用所掌握的应急知识积极展开自救互救，及时避险；参与并协助政府相关应急管理部门进行事件的应急处置；以乐观向上的态度面对突发事件，努力恢复重建。

25. 在发生突发事件后，如何保持公众的心理健康？

　　突发事件会对公众的心理和行为两方面造成影响。在心理方面，公众会产生焦虑、抑郁、创伤后应激障碍等心理问题；在行为方面，公众会出现自杀、报复性攻击、打砸抢烧等行为。因此，重大突发事件发生后，积极推进心理危机干预工作是十分必要的。

（1）心理危机预防环节

心理危机预防环节以"预防"为核心，这个环节可以最大限度地预防突发事件带来的心理伤害，毕竟防患于未然才是最好的心理危机应对方式。在预防环节，要做好心理危机问题的调查，准备好心理危机干预的预案，以最小的成本取得最大的收益。根据组织系统理论，可以将这一工作环节细化为四个步骤。

1）设置组织机构。应急管理部门主要负责人是首要决策者，应保证在开展突发事件心理危机干预工作时能做到整体运行、高效统一，避免形成多头指挥的情况。

2）建立预警系统。应急管理部门应建立心理危机监测机构，并通过微博、新闻网站、动态人群集散区等渠道进行有效的心理状态监测，提供有效数据。

3）培养组织文化。心理危机干预小组应团结且凝聚力强，具有心理危机干预相关知识，有社会责任感，其组织文化应具有共渡难关、乐观自信、永不放弃的特质。

4）维护运行系统。心理危机干预小组应定期召开内部管理会议，建立针对不同类型的突发事件的心理应急预案，并有规划地按照预案进行演练。

（2）心理危机应对环节

在心理危机应对环节中，关键词是"反应要快"和"应对要对"，这也是心理危机干预工作的重点内容。

1）提高反应速度。在突发事件发生的第一时间到达现场，采取措施，启动预案；对受灾人群进行告知和解释突发事件的情况及应对措施，组织正面舆论，为后续应对心理危机营造良好的氛围。

2）进行调查评估。突发事件的性质、破坏程度、受灾对象不同，提供的心理危机干预服务也存在差异，进行调查评估能为后续的干预工作提供方向。

3）制定干预决策。在第一时间，对心理危机干预小组成员进行动员和正确的思想调整；制定科学高效的心理危机干预管理流程，并在合适的时间发布精准的灾后信息。

4）合理配置资源。突发事件发生后，及时调动必要的人力和物资，合理利用当地的心理学仪器、心理咨询场地，聘请心理专家参与心理危机干预。

5）推动媒介管理。同媒体保持良好联系，正确引导媒体议题，及时疏导信息、控制舆论，适时发布心理危机干预方案；新闻发言人要以正能量感染公众；拍摄系列心理危机干预宣传教育片，并呼吁全社会参与灾后援助。

（3）心理危机恢复环节

1）恢复运行秩序。突发事件发生后，从外部资源系统恢复、内部文化系统恢复、组织运行系统恢复、制度系统恢复等方面入手，逐步恢复正常的社会秩序。

2）评估干预效果。对干预效果的评估包括两个部分：一是对公众灾后产生心理障碍的评估；二是公众对政府心理服务满意度的评估。

3）整合社会资源。资源的整合包括媒体资源、医疗资源、高校资源、国际资源等，这一程序会为下一次突发事件的应对提供保障。

🌐 **相关链接**

　　经历突发事件后，人们可能要面对许多问题：失去熟悉的家园、通信中断和交通阻塞、与亲人失去联系、被集中安置到陌生的地方、生活失去规律、缺少睡眠等，甚至出现复杂的心理反应，这就需要外界来提供必要的帮助与支持。以下是创伤后应激障碍的应对方法。

（1）了解关于创伤后应激障碍的知识，要知道自己不是孤立无援的、脆弱的或者失常的人，这种反应是人类对于灾难的正常应激机能。要能够意识到自己出现紧张的症状。

（2）和亲人、朋友、医生讲述自己的感受和症状。

（3）与其他出现创伤后应激障碍的患者们建立联系，彼此支持。

（4）可以通过洗澡、听音乐、深呼吸、沉思、瑜伽或锻炼等方式来放松。

（5）可以更投入地工作，或参与社区活动，转移注意力。

（6）健康饮食、饮水，保证足够睡眠，不能靠喝酒、吸烟等方式来逃避创伤。

（7）如果出现自杀念头，要及时告诉信任的家人、朋友或医生。

（8）若某种方法已经不能够有效控制症状，要马上向心理医生或心理咨询师寻求帮助。

三、消防安全与应急管理

26. 什么是消防安全管理？

（1）消防

在古代，人们就已经开始认识到火的危害，也正是通过灭火开始认识到火灾的。历史上一般会将同火灾的战斗称为"救火""灭火"等，"消防"一词则是 20 世纪初引进我国的，曾泛指消灭和预防火灾、水灾等灾害。随着现代火灾事故的不断发生，人们愈发地重视火灾的危害，逐渐形成了完整的同火灾作斗争的体系，这才有了人们现在所称的"消防"这个概念。"消防"在字典中的解释是：救火和防火，专指人类针对火灾的预防和扑救工作。

消防从学科角度来说是一门研究火灾预防和扑救的综合性科学。其研究的是火灾事前的预防、事后的处置，以及应急的技术措施和管理手段，目前已经形成企业内部自防自救的内部控火和专业消防救援队伍到场灭火的格局，最大限度减少火灾事故的危害。

（2）消防安全管理的定义

简单来讲，消防安全管理就是指预防和扑救火灾的安全管理工作。消防安全管理是我国应急管理工作的重要内容，是指遵循国民经济发展的客观规律和火灾发生、发展的规律，依照有关的方针、政策、法律法规和规章制度，运用管理科学的原理和方法，通过计划、组织、指挥、协调、控制、奖惩等职能，使主管部门的人力、物力、财力、技术、时间和信息等做到最佳的组合，以达到预期的消防安全目标而进行的各种消防活动的总称。

27. 消防安全管理原则与方法有哪些?

（1）消防安全管理原则

1）谁主管谁负责。各级人民政府、单位主要负责人对本行政区、本单位的消防安全负总责。

2）依靠群众。消防安全管理工作是一项具有广泛性和群众性的工作，只有依靠群众做好消防工作，"消"才有力量，"防"才有基础。

3）依法管理。消防安全法律法规对消防安全管理具有引导、教育、调整的规范作用，任何单位都应该根据消防安全法律法规开展本单位的消防安全管理工作。

4）科学管理。运用科学的方法和理论，采用现代化技术达到最佳管理效果。

5）综合治理。要结合多个部门，依靠法律、经济等多种手段对消防安全管理工作进行综合治理。

（2）消防安全管理方法

我国消防安全管理工作采用行政、法律、教育、经济等多种手段和方法实施管理。这些手段和方法的综合运用，逐渐形成了有专业特色的消防安全管理的基本方法，主要包括以下七个方面。

1）完善法律法规体系。《中华人民共和国消防法》（以下简称《消防法》）颁布之后，国务院及有关部门和地方人民政府相继制定了大量相关法规和规章制度。随着我国经济和社会的飞速发展，人们对消防安全管理工作的要求越来越高，有关消防安全管理的新问题和新情况不断出现，有必要对法律法规适时进行调整。因此，不断完善消防安全法律法规是消防安全管理工作适应社会发展、完成管理任务的基本方法之一。

2）制定发展规划。人类社会发展的历史已经证明，消防安全的发展及其水平必须满足社会发展的要求。特别是消防安全基础设施的建设必须与社会发展同步，不断满足经济和社会发展对消防安全管理工作的需要。在现代社会，消防安全的发展不仅是人类消防技术的改进和先进科学技术的应用，更重要的是减少火灾事故的发生，体现在人类有意识地预防各种火灾，利用各种先进的科技手段减少火灾的危害，在各项建设中加强消防安全基础设施的投资建设。

3）严格审查验收。建设工程的消防设计审查和消防验收是预防火灾和减少火灾损失的关键和基础。住房和城乡建设主管部门依法进行消防设计审查和消防验收是消防安全管理的基本方法。根据《消防法》的规定，特殊建设工程未经消防设计审查或者审查不合格的，建设单位、施工单位不得施工；其他建设工程，建设单位未提供满足施工需要的消防设计图纸及技术资料的，有关部门不得发放施工许可证或者批准开工报告；依法应当进行消防验收的建设工程，未经消防验收或消防验收不合格的，禁止投入使用。也就是说，只有经住房和城乡建设主管部门审查、验收合格后，建设单位、施工单位才能依法行使建设和使用权。公众聚集场所未经消防救援机构许可的，不得投入使用、营业。

4）加强监督检查。消防监督检查是指消防救援机构和公安派出所对机关、团体、企业、事业等单位是否遵守消防法律法规以及是否依法实施有关消防技术标准进行的强制性检查。它是消防安全管理的基本方法之一，也是一种定期的执法活动。通过消防监督检查，可以及时发现并纠正违反消防安全法律法规的行为，消除各类火灾隐患，有效防止火灾发生，保护公共财产和人民生命财产的安全。

5）提高灭火作战水平。火灾对人类造成的伤害是巨大的，及时灭火、减少火灾危害是消防安全管理的重要任务之一。因此，加强消防队伍建设和消防战术研究、提高消防作业水平、及时扑灭各种火灾、减少火灾危害是消防安全管理的基本目标。消防救援机构应当加强对各消防队伍的领导和指挥，不断提高消防队伍的灭火能力。

6）做好宣传教育工作。消防安全宣传教育是指以普遍提高全社会的消防安全意识和能力，以宣传消防安全的政策、方针、法律法规及消防安全的基本知识和技能为主要内容的宣传教育活动。它是消防安全管理的基本工作，也是消防安全管理的基本方法。广泛开展消防安全宣传教育，对于全面提高职工的消防安全意识和素质、增强消防安全文化理念、提高消防安全质量、实施各项消防安全措施、全面推进消防安全管理等具有重要的现实意义。

7）从严调查处理事故。火灾发生后，消防救援机构应当及时查明火灾事故的原因，区分火灾事故的责任，并依法追究火灾事故责任人员的法律责任。这样，不仅可以依法处理违法者，而且可以教育广大群众自觉遵守消防法律法规，落实消防安全责任制。此外，及时调查和处理火灾事故，对于掌握火灾发生发展规律，不断改进和加强消防安全工作也具有重要意义。

28. 消防组织有哪些？其职能是什么？

（1）国家综合性消防救援队伍

国家综合性消防救援队伍由应急管理部管理，由公安消防部队（武警消防部队）、武警森林部队退出现役，成建制划归应急管理部后组建而成。组建国家综合性消防救援队伍共有六个方面的主要任务。

1）建立统一高效的领导指挥体系。省、市、县级分别设消防救援总队、支队、大队，城市和乡镇根据需要按标准设立消防救援站；森林消防总队以下单位保持原建制。根据需要，组建承担跨区域应急救援任务的专业机动力量。国家综合性消防救援队伍由应急管理部管理，实行统一领导、分级指挥。

2）建立专门的衔级职级序列。国家综合性消防救援队伍人员分为管理指挥干部、专业技术干部、消防员三类进行管理；制定消防救援衔条例，实行衔级和职级合并设置。

3）建立规范顺畅的人员招录、使用和退出管理机制。根据消防救援职业特点，实行专门的人员招录、使用和退出管理办法，保持消防救援人员相对年轻和流动顺畅，并坚持在实战中培养指挥员，确保队伍活力和战斗力。

4）建立严格的队伍管理办法。坚持把支部建在队站上，继续实行党委统一的集体领导下的首长分工负责制和政治委员、政治机关制，坚持从严管理，严格规范执勤、训练、工作、生活秩序，保持队伍严明的纪律作风。

5）建立尊崇消防救援职业的荣誉体系。设置专门的"中国消防救援队"队旗、队徽、队训、队服，建立符合职业特点的表彰奖励制度，消防救援人员继续享受国家和社会给予的各项优待，以政治上的特殊关怀激励广大消防救援人员许党报国、献身使命。

6）建立符合消防救援职业特点的保障机制。按照消防救援工作中央与地方财政事权和支出责任划分意见，调整完善财政保障机制；保持转制后消防救援人员待遇水平，实行与其职务职级序列相衔接、符合其职业特点的工资待遇政策；整合消防、安全生产等科研资源，研发消防救援新战法新技术新装备；组建专门的消防救援学院。

（2）专职消防队

专职消防队是指在城市新区、经济开发区、工业集中区及经济较为发达的中心乡镇，根据《消防法》建立的，承担区域性火灾扑救任务的市办、县办等专职消防队，是除国家综合性消防救援队伍以外的，有站点和车辆器材装备，承担火灾预防、火灾扑救及其他灾害或事故抢险救援工作的消防组织，是负责本地区、本单位预防、扑救火灾工作的专业灭火队伍。专职消防队主要承担以下职责。

1）承担责任区域的消防安全宣传教育培训，普及消防安全知识；

2）定期进行防火检查，及时消除火灾隐患，督促有关单位和个人落实消防安全责任制；

3）按照国家规定设置防火标志，建立防火检查档案；

4）掌握责任区域的道路、消防水源，消防安全重点单位、重点部位等情况，建立相应的消防业务资料档案；

5）制定本辖区、本单位消防安全重点单位、重点部位的事故处置和灭火作战预案，定期组织演练；

6）扑救火灾，保护火灾现场，协助有关部门调查火灾原因、处理火灾事故；

7）接受应急管理部门指挥调动，协助国家综合性消防救援队伍扑救外辖区、外单位火灾，参加各种抢险救援工作。

（3）志愿消防队

志愿消防队主要是企业、事业单位或者其他基层组织建立的群众性的志愿组织。其最大的特点是自发性和志愿性，其主要任务是配合国家综合性消防救援队伍或者专职消防队开展火灾扑救工作。志愿消防队主要承担以下职责。

1）参加消防业务培训，提高消防工作能力；

2）具体负责辖区消防设施、器材的维护保养，确保完整有效；

3）定期开展灭火、救援技能训练，以及灭火战术训练；

4）承担社区消防值班任务，随时接受群众救助请求；

5）举办居民灭火技能、逃生知识培训班，提高居民自救能力；

6）制定社区灭火作战预案，定期开展灭火、逃生演练；

7）辖区发生火灾时，拨打"119"火警电话报警，及时组织疏散周围群众，迅速扑救初期火灾，协助国家综合性消防救援队伍或专职消防队扑灭一般火灾。

29. 怎么进行消防安全重点部位确定与管理？

（1）消防安全重点部位确定

消防安全重点部位的确定不仅要考虑危险源的分布，还要考虑本单位材料、设备的类型及其摆放位置、生产工艺的流程等，总体需要考虑以下四个方面。

1）容易发生火灾的部位，如危险化学品仓库、易燃建筑材料堆放处、电气线路等；

2）消防设施，如消防水泵、消防控制室等；

3）财产集中的地方，如贵重设备或材料的仓库等；

4）人员密集场所，如员工餐厅、集体宿舍等。

（2）消防安全重点部位管理

1）制度管理。建立消防安全责任制度，使每个人了解消防安全重点部位以及重点部位的火灾危险性，明确应遵守的相关规定，同时要落实责任部门和责任人，做到无责任漏洞，实现管理制度化。

2）立牌管理。在消防安全重点部位设置"消防安全重点部位"指示牌或禁止烟火警告牌、消防安全管理牌等，要实现消防工作规范化，明确消防安全重点部位和消防责任人，落实防火安全制度、消防器材配备及消防应急预案。

3）教育管理。定期组织消防安全重点部位人员的消防教育，了解重点部位可能发生的火灾爆炸事故，学习自救知识，通过各种形式的学习，保证各单位人员做到"四懂四会"，做到

消防安全知识群众化。

4）日常管理。开展日常消防检查，一方面可以消除安全隐患，将火灾事故消灭在萌芽状态；另一方面可以贯彻落实相关消防法规。开展消防检查是日常管理最重要的一个环节，主要采用"六查、六结合"的办法。

5）档案管理。建立重点部位消防档案，要在调查、统计、核实的基础上，完善消防档案，明确各部位的危险源、可能发生的事故等，定期更新档案。

6）应急管理。各单位应根据关键部件生产、储存、使用的特点提供相应的应急设施，并配备专人确保应急设施的可用性，制定消防应急预案，定期组织演练，确保事故发生时能够及时正确处理。

知识拓展

"四懂四会"指的是：懂得岗位火灾的危险性，懂得预防火灾的措施，懂得扑救火灾的方法，懂得逃生的方法；会使用消防器材，会报火警，会扑救初期火灾，会组织疏散逃生。

"六查、六结合"指的是：单位组织每月查，所属部门每周查，班组每天查，专职消防员巡回查，部门之间互抽查，节日期间重点查；检查与宣传相结合，检查与整改相结合，检查与复查相结合，检查与记录相结合，检查与考核相结合，检查与奖惩相结合。

30. 如何编制消防应急预案？

（1）编制的目的与意义

火灾是生产生活中发生最多的事故类型之一，如果科学合理的控制措施未能有效、及时地实施，将造成重大伤亡和财产损失，所以消防应急预案的制定和实施变得尤为重要。各机关、团体、企业、事业单位以及其他有火灾危险性的单位要根据本单位的地理环境、规模和单位内部可能发生的火灾类型等，对单位内的人员进行合理配置，组建本单位的消防救援队伍，在正确使用各种灭火技术以及装备的基础上，实施灭火救援行动，将火灾扑灭或者使其处于稳定的燃烧状态，等待专业消防救援队伍的救援，从而最大幅度地减少人员伤亡和财产损失。

1）增强灭火救援的主动性。一是通过制定消防应急预案，充分了解本单位内部消防情况，明确火灾发生的规律和特点。二是在制定消防应急预案的过程中，不断地提升单位内部快速处置火灾的能力，只要发生火情，单位内部就可以熟练地、有组织地按照计划采取应对措施，及时控制火情，最大限度地降低损失。

2）深入了解本单位内部消防安全部署情况。编制消防应急预案的过程也是对本单位内部消防安全部署情况深入了解的过程，比如单位内外的交通情况、单位建筑物的类别以及分布情况、消防水源情况、内部消防设施、消防重点部位、单位内主要事故处置的对策、消防救援力量分布情况等。

3）增强消防工作的针对性。预案演练可以提升火灾事故快速处置能力，通过实战演练发现预案编制的漏洞和救援训练的缺陷，有助于增强消防工作的针对性。

（2）消防应急预案的主要内容

消防应急预案不仅包括单位的基本情况、可能发生的火灾类型以及应急组织机构等，还要包括报警和接警的处置程序、扑救初期火灾的程序和措施、应急疏散的程序和措施、通信联络、安全防护与救护的程序和措施、灭火和应急疏散的计划图和注意事项等。

（3）消防应急预案编制程序

1）确定消防控制范围和消防安全重点部位。结合单位自身的情况，确定具体范围，并明确消防安全重点部位。

2）制定消防救援方案。尽可能多地调查和搜集本单位应急预案资料，进行大量细致的研究工作，准确分析和预测重点部位和可能发生的火灾类型以及火灾危险性，以此为依据制定火灾扑救的针对性方案。

3）合理分配不同岗位的人员和设备。合理计算负责现场疏散和参与消防救援的人员力量、消防救援器材和物资等的数量，并进行合理的分配。

4）合理制定消防救援总体方案。合理安排救援行动的目标和任务、灭火策略、人力部署与设备设施配备等。

5）逐级审核、不断完善应急预案。审核的重点是具体情况、处置对策、人员安排、扑救方法以及后勤保障等。

31. 怎样进行消防应急演练？

消防应急演练的目的是通过培训、评估、改进等手段，提高保护人民群众生命财产安全的应急能力，进一步检验应急预案是否有效，验证应急预案对可能出现的各种火灾情况的适应性，找出应急准备工作中需要改善的地方。

应急演练的类型有多种，不同类型的应急演练虽有不同特点，但在演练内容、演练情景、演练频次、演练评价方法等方面具有共同点。消防应急演练的总体要求如下。

（1）依法制定、依法开展

消防应急演练必须遵守《安全生产法》《消防法》《机关、团体、企业、事业单位消防安全管理规定》和消防应急预案的要求。

（2）领导重视、科学计划

消防应急演练小组组长由演练组织单位或者上级单位的负责人担任。消防应急演练必须事先确定演练目标，演练策划人员应对演练内容、情景等事项进行精心策划。

（3）结合实际、突出重点

消防应急演练应结合单位存在的危险源特点、潜在火灾类型、可能发生事故的地点和气象条件及应急准备工作的实际情况。

（4）周密组织、统一指挥

演练策划人员必须制定并落实各项措施以保障演练达到目标，各项演练活动应在统一指挥下实施，演练人员要严守演练现场规则，确保演练过程安全。

（5）由浅入深、分步实施

消防应急演练应遵循由下而上、由浅入深、先分后合、分步实施的原则。

（6）讲究实效、注重质量

消防应急演练指挥机构应精干，工作程序要简明，各类演练文件要实用，避免一切形式主义，以实效作为检验演练质量的唯一标准。

（7）注重时机、兼顾效率

消防应急演练原则上应避免惊动公众，如必须涉及有限数量的公众，则应在公众相关教育得到普及、条件比较成熟时进行。

四、消防安全法律法规常识

32. 我国现行的消防法律有哪些？

消防法律是指全国人民代表大会及其常务委员会制定、颁布的与消防有关的各项法律，规定了我国消防工作的宗旨、方针、政策、组织机构、职责权限、活动原则和管理程序等，用以调整国家各级行政机关、企业、事业单位、社会团体和公民之间消防工作关系的行为规范。

《中华人民共和国刑法》中规定了与消防安全管理有关的放火罪、失火罪、消防责任事故罪、重大责任事故罪、危险物品肇事罪、生产和销售不符合安全标准的产品罪、妨害公务罪、滥用职权罪、玩忽职守罪等内容。

《消防法》是我国立法层次最高的消防工作的专门法律，规定了火灾预防、火灾扑救和火灾事故调查等方面的内容。同时对机关、团体、企业、事业单位履行的消防安全职责进行了相关的规定。

除上述法律之外，我国现行的有关消防安全管理的法律条款还散见于各类其他法律文件中。

这些消防法律的实施对于保障公民生命财产安全、维护社会稳定具有重要意义，通过预防火灾、保护财产、加强消防安全教育和维护社会秩序等方面的规定，为公民提供了安全的居住和工作环境。

33. 什么是消防行政法规？

行政法规是国务院根据宪法和法律，为领导和管理国家各项行政工作，按照法定程序制定的规范性文件。消防安全相关的行政法规主要有《国务院关于特大安全事故行政责任追究的规定》《危险化学品安全管理条例》《大型群众性活动安全管理条例》《森林防火条例》《草原防火条例》等。

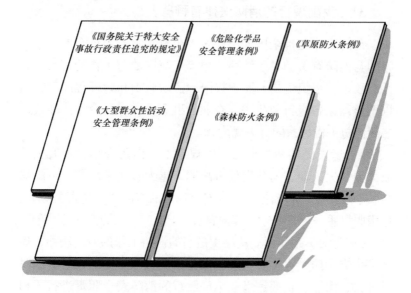

这些行政法规在我国消防工作中扮演了非常重要的角色，旨在保障人民群众的生命财产安全，预防火灾事故的发生，加强消防工作管理和监督。这些法规的实施，还有助于提高公众消防安全意识，规范消防设备设施的建设和管理。

34. 什么是消防部门规章？

部门规章是国务院各部门在本部门职权范围内，根据法律和国务院的行政法规、决定、命令制定的，并以部门首长签署命令的形式公布的规范性文件。消防部门规章主要由应急管理部、公安部等处理和制定。部门规章不得与宪法、法律、行政法规相抵触。

　　消防部门规章包括《机关、团体、企业、事业单位消防安全管理规定》《公共娱乐场所消防安全管理规定》《高层民用建筑消防安全管理规定》《消防产品监督管理规定》等，这些规范性文件往往相对细致，能够具体地针对实际中消防领域的各种要素，如特殊地点、消防设施、组织规章等。消防部门规章是为了更好地贯彻消防法律、行政法规，结合消防工作的需要而制定的，也是各单位和个人应当自觉遵守的。

📖 知识学习

　　行政法规的效力高于部门规章，二者的区别具体如下。

　　（1）制定者不同。行政法规是国务院制定的，而部门规章则是国务院各部、委员会、中国人民银行、审计署等机构制定的。

　　（2）制定依据不同。行政法规根据宪法和法律的授权制定。部门规章是国务院所属的各部门根据法律和行政法规制定。宪法、法律、行政法规都是部门规章的依据。

　　（3）公布程序不同。行政法规的决定程序依照《中华人民共和国国务院组织法》的有关规定办理，公布行政法规需要总理签署国务院令；部门规章应当经部务会议或委员会会议决定，由部门首长签署命令予以公布。

　　（4）适用范围不同。行政法规适用于全国；而部门规章仅适用于部门权限范围内相关的机构和人员，或者只能针对某些具体领域或要素。

35. 什么是消防技术标准？

消防技术标准是国务院各部门或各地方部门依据《中华人民

共和国标准化法》的有关法定程序单独或联合制定颁发的，用以规范消防技术领域中人与自然、科学技术的关系的准则或标准。

消防技术标准是消防安全管理的重要技术基础，是建设单位、设计单位、施工单位、生产单位、消防救援机构开展工程建设、产品生产、消防监督的重要依据。对加强建筑消防安全，提高消防产品质量，以及合理调配资源、保护人身和财产安全、创造经济效益和社会效益都有相当重要的作用。

消防技术标准可分为国家标准、行业标准以及地方标准。根据其强制约束力不同，国家标准可分为强制性标准和推荐性标准，而行业标准、地方标准是推荐性标准。一般来说，保障人体健康，保障人身、财产安全的标准和法律、行政法规规定必须执行的标准为强制性标准，其他的则为推荐性标准。强制性标准必须执行，推荐性标准国家鼓励采用。消防技术标准大多是强制性标准，常见的包括《建筑防火通用规范》（GB 55037—2022）、《消防设施通用规范》（GB 55036—2022）等；而推荐性标准包括《人员密集场所消防安全管理》（GB/T 40248—2021）、《气体灭火剂灭火性能测试方法》（GB/T 20702—2006）等。

⚖ 法律提示

《消防法》第九条规定，建设工程的消防设计、施工必须符合国家工程建设消防技术标准。建设、设计、施工、工程监理等单位依法对建设工程的消防设计、施工质量负责。

《消防法》第十条规定，对按照国家工程建设消防技术标准需要进行消防设计的建设工程，实行建设工程消防设计审查验收制度。

《消防法》第十九条规定，生产、储存、经营易燃易爆危险品的场所不得与居住场所设置在同一建筑物内，并应当与居住场所保持安全距离。

生产、储存、经营其他物品的场所与居住场所设置在同一建筑物内的，应当符合国家工程建设消防技术标准。

36.《消防法》的立法目的是什么？

《消防法》第一条就明确了其立法目的：预防火灾和减少火灾危害，加强应急救援工作，保护人身、财产安全，维护公共安全。

《消防法》在消防领域的法律体系中处于核心地位，具有重要的领导作用，其制定了我国消防工作的纲领，总领各类消防法规和规章的制定和修订。

《消防法》的实施有利于推进消防工作制度改革，有效预防火灾和减少火灾危害；加强消防力量建设，提升火灾扑救和应急救援能力；保障消防工作与经济建设和社会发展相适应，提高社会公共消防安全水平；全面落实消防安全责任制，建立健全社会化的消防工作网络。

法律提示

《消防法》历次修订情况如下。

（1）1984年5月11日，第六届全国人民代表大会常务委员会第五次会议批准了《中华人民共和国消防条例》；

（2）1998年4月29日，第九届全国人民代表大会常务委员会第二次会议通过首部《消防法》；

（3）2008年10月28日，《消防法》经第十一届全国人民代表大会常务委员会第五次会议修订；

（4）2019年4月23日，《消防法》经第十三届全国人民代表大会常务委员会第十次会议第一次修正；

（5）2021年4月29日，《消防法》经第十三届全国人民代表大会常务委员会第二十八次会议第二次修正。

37. 消防安全管理工作应遵循的方针是什么？

《消防法》第二条规定，消防工作贯彻预防为主、防消结合的方针，按照政府统一领导、部门依法监管、单位全面负责、公民积极参与的原则，实行消防安全责任制，建立健全社会化的消防工作网络。

预防为主，就是要求在消防工作中把预防火灾摆在工作首位，将火灾消灭在萌芽状态。防消结合，就是要求在消防工作实践中，把同火灾作斗争的两个基本手段——"防"与"消"，有机地结合起来，在做好各项防火工作的同时，还要做好各项灭火准备，一旦发生火灾，能够及时发现、有效扑救，最大限度地减少火灾造成的损失。

38. 消防安全管理工作的原则是什么？

消防安全管理是政府社会管理和公共服务的重要内容，是社会稳定和经济发展的重要保障。政府统一领导、部门依法监管、单位全面负责、公民积极参与，是《消防法》确定的消防工作的四条原则。共同构筑消防工作格局，任何一方都非常重要，不可偏废。

（1）政府统一领导

明确了政府的消防安全领导责任。根据相关法律法规的规定，各级人民政府应当将消防工作纳入国民经济和社会发展计划，保障消防工作与经济建设和社会发展相适应。

（2）部门依法监管

明确了政府各部门的消防安全监管责任。部门指的是所有涉及消防安全管理的行政部门。依法监管的"法"，主要是指《消防法》，对《消防法》提出的政府各部门应当履行的消防法定职责，各部门应认真学习、细心领会、坚决执行、贯彻落实。

（3）单位全面负责

明确了单位的消防安全管理责任。所有单位都应对本单位的消防安全负责，单位的主要负责人是本单位的消防安全责任人。

（4）公民积极参与

明确了公民的权利和义务。公民是消防工作的基础，没有广大人民群众的参与，消防工作就不会发展进步，全社会抗御火灾的基础就不会牢固，公民是消防安全工作的参与者，同时也是监督者。

39.《消防法》主要有哪些内容？

现行的《消防法》包括总则、火灾预防、消防组织、灭火救援、监督检查、法律责任、附则，共七章、七十四条。

（1）总则

总则中明确了《消防法》的立法目的和消防工作的政策方针；规定了国务院和地方人民政府对全国和地方的消防工作负责并由应急管理部门实施监督管理；任何单位与成年人都有参加有组织的灭火工作的义务；同时强调了消防宣传与消防教育的要求；表明了国家鼓励消防技术设备创新且支持消防公益活

动开展的态度。

（2）火灾预防

火灾预防是消防工作的基础，主要规定了火灾预防的各项措施和要求，包括建筑物的消防设计、灭火器材和设施的配置、火灾隐患排查和整改等方面的内容。

（3）消防组织

强调了建立并完善消防组织的重要性，对国家综合性消防救援队、专职消防队、志愿消防队的建设和组织作出了规定和要求。

（4）灭火救援

主要规定了火灾组织和救援，包括火灾应急预案、火灾报警、救援队伍的组织和协调、火灾救援总指挥的权力等方面的内容。

（5）监督检查

规定了地方各级人民政府应对有关部门消防安全履职情况进行监督检查，消防救援机构等应对各类团体组织遵守消防法律法规的情况进行监督检查。另外还规定了消防审查整改的相关事项，并指出任何单位和个人都有权对住房和城乡建设主管部门、消防救援机构及其工作人员在执法中的违法行为进行检举、控告。

（6）法律责任

主要规定了各类消防方面的违法行为的处罚措施。

（7）附则

说明了《消防法》中相关用语的含义以及法律的施行日期。

40.《消防法》中相关用语及其含义是什么？

根据《消防法》第七十三条的规定，《消防法》中相关用语及其含义如下。

（1）消防设施，是指火灾自动报警系统、自动灭火系统、消火栓系统、防烟排烟系统以及应急广播和应急照明、安全疏散设施等。

（2）消防产品，是指专门用于火灾预防、灭火救援和火灾防护、避难、逃生的产品。

（3）公众聚集场所，是指宾馆、饭店、商场、集贸市场、客运车站候车室、客运码头候船厅、民用机场航站楼、体育场馆、会堂以及公共娱乐场所等。

（4）人员密集场所，是指公众聚集场所，医院的门诊楼、病房楼，学校的教学楼、图书馆、食堂和集体宿舍，养老院、福利院，托儿所，幼儿园，公共图书馆的阅览室，公共展览馆、博物馆的展示厅，劳动密集型企业的生产加工车间和员工集体宿舍，旅游、宗教活动场所等。

41. 单位负有哪些消防安全职责？

所有单位都承担着基本的消防安全职责，都应按规定为本单位的消防工作投入相应的人力和物力资源。《消防法》及其他相关法律法规对各种消防安全单位和消防安全重点单位的消防安全职责作出了规定，具体如下。

（1）消防安全单位职责

机关、团体、企业、事业等单位应当落实消防安全主体责任，履行下列职责。

1）明确各级、各岗位消防安全责任人及其职责，制定本单位的消防安全制度、消防安全操作规程、灭火和应急疏散预案。定期组织开展灭火和应急疏散演练，进行消防工作检查考核，保证各项规章制度落实。

2）保证防火检查巡查、消防设施维护保养、建筑消防设施检测、火灾隐患整改、专职或志愿消防队和微型消防站建设等消防工作所需资金的投入。

3）按照相关标准配备消防设施、器材，设置消防安全标志，定期检验维修，对建筑消防设施每年至少进行一次全面检测，确保完好有效。设有消防控制室的，实行 24 h 值班制度，每班不少于 2 人，并持证上岗。

4）保障疏散通道、安全出口、消防车通道畅通，保证防火防烟分区、防火间距符合消防技术标准。人员密集场所的门窗不得设置影响逃生和灭火救援的障碍物。保证建筑构件、建筑材料和室内装修装饰材料等符合消防技术标准。

5）定期开展防火检查、巡查，及时消除火灾隐患。

6）根据需要建立专职或志愿消防队、微型消防站，加强队伍建设，定期组织训练演练，加强消防装备配备和灭火药剂储备，建立与公安消防队联勤联动机制，提高扑救初期火灾能力。

7）消防法律、法规、规章以及政策文件规定的其他职责。

（2）消防安全重点单位职责

县级以上地方人民政府消防救援机构应当将发生火灾可能性较大以及发生火灾可能造成重大的人身伤亡或者财产损失的

单位，确定为本行政区域内的消防安全重点单位，并由应急管理部门报本级人民政府备案。

消防安全重点单位除履行上述消防安全单位的职责外，还应当额外履行下列职责。

1）明确承担消防安全管理工作的机构和消防安全管理人并报知当地消防救援部门，组织实施本单位消防安全管理。消防安全管理人应当经过消防培训。

2）建立消防档案，确定消防安全重点部位，设置防火标志，实行严格管理。

3）安装、使用电器产品、燃气用具和敷设电气线路、管线必须符合相关标准和用电、用气安全管理规定，并定期维护保养、检测。

4）组织员工进行岗前消防安全培训，定期组织消防安全培训和疏散演练。

5）根据需要建立微型消防站，积极参与消防安全区域联防联控，提高自防自救能力。

6）积极应用消防远程监控、电气火灾监测、物联网技术等技防物防措施。

42. 个人负有哪些消防法律责任？

《机关、团体、企业、事业单位消防安全管理规定》中对消防安全责任人与消防安全管理人的职责作出了明确规定，具体如下。

（1）消防安全责任人职责

单位的主要负责人是本单位的消防安全责任人。单位的消防安全责任人应当履行下列消防安全职责。

1）贯彻执行消防法规，保障单位消防安全符合规定，掌握本单位的消防安全情况。

2）将消防工作与本单位的生产、科研、经营、管理等活动统筹安排，批准实施年度消防工作计划。

3）为本单位的消防安全提供必要的经费和组织保障。

4）确定逐级消防安全责任，批准实施消防安全制度和保障消防安全的操作规程。

5）组织防火检查，督促落实火灾隐患整改，及时处理涉及消防安全的重大问题。

6）根据消防法规的规定建立专职消防队、志愿消防队。

7）组织制定符合本单位实际的灭火和应急疏散预案，并实施演练。

（2）消防安全管理人职责

单位可以根据需要确定本单位的消防安全管理人。消防安全重点单位、村民委员会和居民委员会，以及大型群众性活动应当确定对应的消防安全管理人。消防安全管理人对单位的消防安全责任人负责，实施和组织落实下列消防安全管理工作。

1）拟订年度消防工作计划，组织实施日常消防安全管理工作。

2）组织制定消防安全制度和保障消防安全的操作规程并检查督促其落实。

3）拟订消防安全工作的资金投入和组织保障方案。

4）组织实施防火检查和火灾隐患整改工作。

5）组织实施对本单位消防设施、灭火器材和消防安全标志的维护保养，确保其完好有效，确保疏散通道和安全出口畅通。

6）组织管理专职消防队和志愿消防队。

7）在员工中组织开展消防知识、技能的宣传教育和培训，组织灭火和应急疏散预案的实施和演练。

8）单位消防安全责任人委托的其他消防安全管理工作。

五、火灾应急监测与预防控制

43. 火灾隐患如何判定?

根据《消防监督检查规定》,下列情形应当直接确定为火灾隐患。

(1)影响人员安全疏散或者灭火救援行动,不能立即改正的。

(2)消防设施未保持完好有效,影响防火灭火功能的。

(3)擅自改变防火分区,容易导致火势蔓延、扩大的。

(4)在人员密集场所违反消防安全规定,使用、储存易燃易爆危险品,不能立即改正的。

(5)不符合城市消防安全布局要求,影响公共安全的。

(6)其他可能增加火灾实质危险性或者危害性的情形。

44. 火灾预防有哪些基本措施?

火灾预防可从以下基本措施入手。

(1)严格控制点火源

强调对点火源的严格控制,包括管理明火、禁止在易燃区域使用明火,以及监测和维护电气设备等。控制点火源可以降低火灾发生概率,确保人们的生命和财产安全。

(2)监测火灾酝酿期特征

引进先进监测技术,尽早发现火灾前兆,采取及时有效措施进行干预,最大限度地减少火灾损失,提高灾害应对效率。

(3)采用耐火材料

采用耐火材料,如耐火涂料、抗热结构材料等,提高建筑和设备的抗火性能,延缓火势蔓延,为疏散和灭火争取时间。

（4）减缓火势的蔓延

通过设置防火墙、使用阻燃材料和合理设计通风系统，减缓火势的蔓延，最大限度地保护生命和财产安全。

（5）限制火灾规模

通过空间划分、设备布局和灭火系统设置，限制火灾规模，迅速控制和扑灭火灾，降低损失。

（6）组织训练消防队伍

定期组织消防培训，确保消防队伍熟悉紧急撤离程序、掌握灭火技能，能做到迅速有序地应对火灾事件，最大限度地减少损失。

（7）配备消防器材

配备适当的消防器材，如灭火器、喷水器等，定期检查和维护，确保其正常工作，提高灭火的成功率。

45. 火灾应急监测与预警机制和要求是什么？

火灾应急监测与预警机制是为了在火灾发生时提供早期警

示，帮助人们及时采取应对措施，减少损失的应急机制。这一机制涉及多个方面，包括监测设备、数据处理系统、预警系统等。以下是一般性的火灾应急监测与预警机制和要求。

（1）传感器网络

建立火灾监测系统需要使用各种传感器，如烟雾传感器、温度传感器、气体传感器等。这些传感器通过网络连接，实时监测环境变化。

（2）数据采集与传输

传感器收集到的数据需要被及时、准确地传输到监测中心，其中涉及无线通信、云技术等。

（3）数据处理与分析

监测中心需要能够对数据进行实时分析，可以通过使用机器学习算法、人工智能等技术来提高监测的准确性和效率。

（4）预警系统

一旦监测中心监测到潜在的火灾风险，预警系统应该能够迅速发出警报，包括声音警报、短信通知、手机应用推送等多种方式。

（5）应急响应计划

火灾监测与预警机制还应该与应急响应计划结合，确保在发生火灾时，能够迅速采取适当的措施，如疏散人员、通知消防救援部门等。

（6）定期维护与测试

监测系统需要定期进行维护与测试，以确保传感器的正常运作，保障数据的准确性及预警系统的有效性。

（7）培训与演练

应对监测系统的使用者和相关人员进行培训，以确保他们了解系统的操作方法。定期进行模拟演练，以检验系统的应急响应能力。

（8）遵守法律

遵守国家和地方的法律法规和标准，确保系统的设计和运作符合相关规定。

（9）多层次监测

使用多种监测手段并进行多层次监测，提高监测的全面性和准确性。

（10）即时通信与联动

预警系统应具备即时通信与联动能力，可以迅速通知相关部门和人员，形成快速而协调的响应机制。

此外，在设计火灾应急监测与预警机制时，还需要考虑特定场所的实际情况和需求，确保系统能够快速、准确地响应潜在的火灾风险。

46. 对于大型建筑或设施，火灾自动报警系统的建议布局是怎样的？

火灾自动报警系统是指能够探测火灾早期特征、发出火灾报警信号，为人员疏散、防止火灾蔓延和启动自动灭火设备提供控制与指示的消防系统。

对于大型建筑或设施，火灾自动报警系统的建议布局应严格按照《火灾自动报警系统设计规范》（GB 50116—2013）的要求，该标准的主要内容包括：总则、术语、基本规定、消防联动控制设计、火灾探测器的选择、系统设备的设置、住宅建筑火灾自动报警系统、可燃气体探测报警系统、电气火灾监控系统、系统供电、布线、典型场所的火灾自动报警系统等。

根据《建筑防火通用规范》（GB 55037—2022），除散装粮食仓库、原煤仓库可不设置火灾自动报警系统外，下列工业建筑或场所应设置火灾自动报警系统：

（1）丙类高层厂房；

（2）地下、半地下且建筑面积大于 1 000 m^2 的丙类生产场所；

（3）地下、半地下且建筑面积大于 1 000 m^2 的丙类仓库；

（4）丙类高层仓库或丙类高架仓库。

下列民用建筑或场所应设置火灾自动报警系统：

（1）商店建筑、展览建筑、财贸金融建筑、客运和货运建筑等类似用途的建筑；

（2）旅馆建筑；

（3）建筑高度大于 100 m 的住宅建筑；

（4）图书或文物的珍藏库，每座藏书超过 50 万册的图书馆，重要的档案馆；

（5）地市级及以上广播电视建筑、邮政建筑、电信建筑，城市或区域性电力、交通和防灾等指挥调度建筑；

（6）特等、甲等剧场，座位数超过 1 500 个的其他等级的剧场或电影院，座位数超过 2 000 个的会堂或礼堂，座位数超过 3 000 个的体育馆；

（7）疗养院的病房楼，床位数不少于 100 张的医院的门诊楼、病房楼、手术部等；

（8）托儿所、幼儿园，老年人照料设施，任一层建筑面积大于 500 m^2 或总建筑面积大于 1 000 m^2 的其他儿童活动场所；

（9）歌舞娱乐放映游艺场所；

（10）其他二类高层公共建筑内建筑面积大于 50 m^2 的可燃物品库房和建筑面积大于 500 m^2 的商店营业厅，以及其他一类高层公共建筑。

除住宅建筑的燃气用气部位外，建筑内可能散发可燃气体、可燃蒸气的场所应设置可燃气体探测报警装置。

此外，建筑高度大于 100 m 的住宅建筑，应设置火灾自动报警系统。建筑高度大于 54 m 但不大于 100 m 的住宅建筑，其公共部位应设置火灾自动报警系统，套内宜设置火灾探测器。建筑高度不大于 54 m 的高层住宅建筑，其公共部位宜设置火灾自动报警系统。当设置需联动控制的消防设施时，公共部位应设置火灾自动报警系统。高层住宅建筑的公共部位应设置具有语音功能的火灾声警报装置或应急广播。

47. 如何控制可燃物？

控制可燃物的基本原理是限制燃烧的条件或缩小可能燃烧的范围，具体方法如下。

（1）通过在厂房或工作区域中使用难燃或不燃材料替代易燃或可燃材料，降低火源的产生和传播的概率，可以有效减少火灾发生的可能性，提高整体的火灾安全水平。

（2）加强通风，保证易燃易爆危险品在厂房内的浓度不超过最高允许浓度，这一措施有助于防止可燃气体的积聚，进而有效防止了可能导致爆炸的混合物形成。保持适当的通风有助于创造一个安全的工作环境，降低火灾和爆炸的风险。

（3）对能相互作用引发燃烧或爆炸的物品采取分开存放、隔离等措施，防止它们之间发生不安全的化学反应，从而降低火灾和爆炸的风险。这种隔离策略有效地限制了潜在危险的传播，提高了工作场所的安全性。

48. 如何控制助燃物？

控制助燃物的基本原理是限制与可燃物结合可以导致燃烧的物质，具体方法如下。

（1）防泄漏

防止物料泄漏和空气渗入。

（2）加强密闭

密闭存在易燃易爆危险品的空间、压力容器和设备；使用易燃易爆危险品的生产环节应在密闭设备或管道中进行；真空设备应装有防止空气流入装置；开口容器、容积较大的无保护玻璃瓶不能储存可燃液体；没有耐压性的容器不能储存压缩气体和液体；储存和运输易燃易爆物质的设备和管道，尽量采用焊接，减少法兰连接；输送易燃易爆气体、液体的管道，宜采用无缝钢管；接触高锰酸钾、氯酸钾、硝酸钾等粉状氧化剂的生产、传送装置，要严加密封等。

（3）气体保护

气体保护是指利用氩气、氮气、氦气、二氧化碳、水蒸气、烟道气等气体对易燃易爆危险品的反应惰性，把易燃易爆危险品与空气隔离，阻止其与空气反应。这些气体均是化学性质不活泼、没有爆炸危险的气体。

（4）隔绝空气储存

遇空气或受潮、受热极易自燃的物品，应隔绝空气储存。如将二硫化碳、磷储存于水中，将钾、钠储存于煤油中；新制造的液化石油气储罐、槽车、钢瓶在灌装时要先抽真空；储罐、槽车、钢瓶里的液化石油气不能完全排空，应留有多余压力，并关好阀门，防止多余气体逸出。

（5）清洗、置换设备和管道

对于加工、输送、储存可燃气体的设备、容器、机泵和管道，进气前必须用惰性气体替换内部空气，防止可燃气体进入时与空气形成爆炸性混合物。同样，在停车前也需要用惰性气体置换掉设备内的可燃气体。特别是需要用明火或其他点火源检修时，必须置换设备中的可燃气体或者蒸气，并经检验合格才能进行下一步操作。对于盛放过易燃、可燃液体的桶、罐以及其他设备，动火前，必须用水或水蒸气彻底清洗其中残余的液体及沉淀物。

49. 如何控制点火源？

（1）控制明火

对于有火灾危险的场所，应有醒目的"禁止烟火""严禁吸烟"等安全标志。易燃易爆场所应采用封闭式或防爆型照明设备，不得使用蜡烛、火柴或普通灯具照明；禁止携带火柴、打火机等进入易燃易爆危险品的生产车间；机动车辆进入危险区要戴防火帽；使用气焊、电焊、喷灯时，必须按照危险等级办理动火证，在采取完备的防护措施，确保安全无误后方可进行动火作业，操作人员必须严格按照操作规程操作。

（2）防止摩擦与撞击

摩擦与撞击产生的火花可能引起火灾爆炸事故。防止火花产生的具体措施如下。

1）机器的轴承和传动部件应及时加润滑油，并经常去除附着的可燃物。

2）锤子、扳手、钳子等工具应用镀铜的钢生产。

3）为防止金属零件落入设备中，在设备进料前应装磁力离析器，不适合用磁力离析器的，应安装惰性气体保护装置。

4）输送气体或液体的管道，应定期进行耐压试验，防止破裂或接口松动引起喷射起火。

5）机器中所有存在撞击或摩擦的部分都应采用不同的金属制成。

6）搬运金属容器时，严禁抛掷或拖拉，在容器可能被碰撞的部位上覆盖不会产生火花的材料。

7）防爆车间应禁止穿带铁钉的鞋，地面应采用不会产生火花的材料。

（3）防止电气火花

电气火花具有较高温度，特别是电弧，温度一般在 5 000～6 000 ℃，不仅能引起可燃物的燃烧，还能使金属熔化飞溅，构成新的点火源。为了防止产生电气火花，应根据易燃易爆危险品的危险等级选择合适的防爆电气设备或封闭式电气设备。要选用合格的电气设备，制定严格的操作规程及检查制度，对设备定期检查，以保障其正常运行。

（4）防止日光照射和聚焦

对低温下能够自燃的物质要防止日光照射；防止盛装可燃液体和压缩气体、液化气体的容器受日光照射；注意防止日光的聚焦作用。

（5）防止和控制绝热压缩

若空气压缩比大于 10，则被压缩的空气温度可达到 463 ℃。这时，如果被压缩的气体中含有自燃点低的可燃气体或蒸气，则会被点燃而发生化学爆炸。

50. 交通运输过程中如何预防火灾事故？

（1）汽车火灾预防

1）防止油料渗漏。汽车火灾事故大部分是油料燃烧引起的，如果油料没有渗漏，在一般情况下，不会发生火灾。驾驶员要随时检查车辆的燃油和润滑油有无渗漏，发现渗漏要及时处理；润滑油的轻微渗油现象有时很难根除，要及时将渗出的油擦净。油箱和有防冻液的水箱要盖严密，加注油料和防冻液不可过满，以防激溅溢出。此外，还要注意油箱的温度，如夏季日光暴晒、冬季靠近火墙等，都会使油箱过热，增加油料的挥发，挥发出来的油气更容易引起火灾。油箱焊修时要将箱壁上附着的残油洗净。在行驶途中排除油路故障时，要注意防止渗漏的油被点燃，任何时候都不准用汽油擦洗汽车发动机。

2）隔绝点火源。点火源是指能够点燃油料或其他易燃品的火花、火种与炽热体，针对汽车火灾预防，主要需注意以下方面。

①人为火源。烤车的火、点燃的油灯、火柴火、打火机火、喷灯火、车库的炉火、照明灯具的电火花、抽烟的火等，都有引起汽车火灾的先例，特别是汽车漏油时，更易引起火灾。因此，要加强对驾驶员的防火意识教育，企业要有严格的防火制度，无关人员严禁进入车库。

②汽车本身的电火花。汽车的高压电系统虽有防护，但高压跳火的概率仍然很高，如高压线插头松动、绝缘老化等都会引起高压跳火，如附近有易燃物或挥发的油气，就会引起火灾。因此，必须时刻保持车辆状态良好，加强车辆的维护。

③汽缸内溢出的火。排气管"放炮"、点火时间不合适、负荷过大、混合气过浓等会引起发动机排气管过热，进而引发

火灾。特别是长时间不清洁，附着油污的发动机，易黏附杂草枯叶，一旦附近有点火源，很容易引起火灾。为此，必须经常擦拭发动机，保持其表面清洁，没有油污，并使油电路调整适当。

④静电火花和金属撞击引起的火花。汽油与油箱、油料与油罐在运动中会因摩擦产生静电，当电位高到一定程度会产生静电火花引起火灾。因此，油罐车要装设接地链，且要连接牢固、导电良好。往油罐装油时，输油管管口应尽量接近油面，控制流速，以减少油料搅动与冲击，避免产生火花。实践证明，从装油开始一段时间和装到油箱四分之三以后，最容易产生静电火花，所以在装油开始时和接近装满时，要放慢油的流速。金属的撞击也能产生火花，所以在有汽油或汽油蒸气的地方，如油箱口、油桶盖等处严禁用铁锤或扳手敲击。

（2）列车火灾预防

1）加强用火、用电设备的安全管理，主要内容如下。

①锅炉点火前仔细检查各阀门位置是否正确，水位表、温度表是否良好，严禁缺水点火；室内不准堆放杂物，并要保持清洁，及时消除油污；加煤时检查煤内是否有爆炸物；离人加锁；炉灰应用水浸灭后清除出车外；经常巡视检查；清灰时将灰渣余火彻底熄灭。

②检查储藏室是否有易燃易爆危险品，烟囱、炉灶、排油烟罩应定期清除油污及杂物，燃气、燃油罐与炉灶之间的间距不得小于 50 cm；列车运行过程中，严禁在餐车炼油，油炸食品和食品过油时油量不得超过容器容积的三分之一；乘务人员不得使用自备的炉具和电热器具。严禁炊事人员在火源、气源未关闭的情况下擅离岗位；在液化气瓶漏气时，应将其移离餐车后检查修理，并开窗通风；严禁在液化气大量泄漏时点火或操作电气设备的开关，严禁在液化气泄漏时用明火检查漏气部位。

③列车出发前和到站后，应对各种电气设备进行安全检查，各种电源配线及裸露在墙板线槽的导线应排列整齐，防止漏电；接线端子、接线柱应防止因开焊、松动虚接而产生电火花和电弧；电源保险丝应按规定配齐，严禁以大代小，严禁以其他金属丝代替保险丝，使电路保险装置失去安全保险作用。列车运行中车厢电源和电气设备必须保持状态良好、清洁，车厢的配电室内严禁存放物品，配电室离人时应锁闭，严格遵守操作规程，严禁乱拉电线，乱设电气装置。

2）整顿列车秩序，严禁易燃易爆危险品上车。列车在始发和较大站、重点区段站停靠，旅客上车时乘务员要严格按照制度、方法进行易燃易爆危险品检查，密切注意旅客随身携带的物品，发现易燃易爆危险品时立即没收。

3）强化日常消防安全管理，主要内容如下。

①在禁止吸烟的车厢内，要提醒旅客不得吸烟。在允许吸烟的车厢，要告诫旅客将捻灭的烟头和熄灭的火柴梗放在烟灰盒内，不可随手乱扔，并应在车厢内备齐烟灰盒。要提醒旅客不应躺在睡铺上吸烟。

②要及时对车内进行检查和清扫，避免纸张、碎布片等易燃物品堆积在地板上。提醒旅客将废弃的物品放在茶几上，并及时给予清除。行李应放在行李架上，不得放在通道上，以免出现危险时妨碍疏散逃生。

③广播室内禁止吸烟，严禁放置可燃物；要加强对行李车的检查，严防带入易燃易爆危险品，并不准闲杂人员搭乘；邮政车上严禁闲杂人员进入，并严禁烟火。

④经常组织乘务人员学习消防知识，掌握对列车内用火、用电设备及灭火器材等进行检查、使用的技术性知识和方法，真正做到平时能防火，发生火灾能迅速、妥善、正确处理，将火灾损失降到最低。

（3）飞机火灾预防

1）飞机在飞行过程中的防火措施如下。

①飞机在空中飞行时，机上空勤人员和旅客一律禁止吸烟。

②飞机驾驶员必须严格遵守飞行相关的法律法规和技术标准，与其他飞机、建筑物等保持足够的距离并按规定的方向避让，严防发生事故。

③机上的电热器具如电炉、烘箱、电加热器等应严格管理，不用时应关闭电源或拔掉插座。严禁飞机在积雨云、浓积云和结冰区域内飞行，以防雷击。

④加强飞行过程中的安全检查，发现异常情况应保持冷静，采取果断措施或及时将出现的问题和处置情况向空中交通管制员报告。

⑤在低能见度或出现故障的情况下着陆时，飞机驾驶员应

通过塔台事先通知消防救援部门，做好应急救援准备。飞机着陆时，一旦出现起落架故障且无法排除时，可在规定地带进行迫降。迫降前，除留足可供迫降的燃油外，其余燃油应立即倾泄，以减少危险。迫降时，空中交通管制员应立即通知消防救援部门赶赴现场，做好灭火准备。

2）飞机在停机坪时的防火措施如下。

①飞机在停机坪时，要调度好各种勤务车辆，严防撞机事故发生。除客梯车外，其他车辆与飞机应保持一定的安全距离。电源车、客梯车、装货车、牵引车、清洗车及加油车、加水车、食品供给车等，必须按顺序靠近飞机，并按规定停放在指定位置。各种勤务车辆进入停机坪的行驶速度不得超过 10 km/h。

②严格管理飞行活动区域，严禁无关人员、牲畜、车辆进入，以免发生危险。此区域应消除飞鸟集生的环境条件，附近的建、构筑物应安装灯光标志，以防飞机与飞鸟或建、构筑物撞击发生事故。

③运载旅客的航班严禁装运易燃、易爆、自燃、强氧化、强腐蚀等化学危险品和压缩气体。空勤人员和旅客不准随机携带易燃易爆危险品。货物装运时，装运人员不准吸烟。

④集装箱和零散行李要码放牢固，零散行李与货舱照明灯具应保持不小于 50 cm 的距离。

⑤飞机起飞前应严格检查，停机坪上的可燃物必须彻底清除。

3）飞机在进行检修时的防火措施如下。

①维修燃油箱时，必须在清除燃油箱油气前做好通风、灭火等防范措施。必须拆下飞机上的电瓶，停止发动机工作并挂出标示牌。作业人员应穿棉布质的清洁安全工作服。

②飞机充氧系统充氧前，作业人员必须洗净手上的油脂，穿专用充氧服，并先接好专用地线。充氧时，严禁可燃物与充

氧器具接触，同时严禁飞机加油、通电。充氧结束后，应先关充氧车充氧开关，再关飞机充氧开关，缓慢地放出充氧管中的余压。充氧现场的地面及周围不得有任何可燃物和点火源。

③进行大面积喷漆、涂饰作业时，飞机必须做好静电接地，并在工作区附近或舱门入口的梯子处放置灭火器。

（4）船舶火灾预防

1）禁止在机舱、货舱、物料间或储藏室内吸烟，在客舱内吸烟时，应前往指定区域，禁止在床上吸烟。装卸货或加装燃油时禁止在甲板上吸烟。

2）吸烟时，烟头、火柴必须熄灭后投入烟缸，不能随手丢弃或向舷外乱扔，也不准扔在垃圾桶内。离开房间时应随手关闭电灯和电扇等用电设备。雷雨或大风天气应将舷窗关闭严密。

3）必须集中保管的易燃易爆危险品，不准私自存放，禁止随意烧纸或燃放烟花爆竹、严禁玩弄救生信号弹。

4）禁止私自使用移动式明火电炉。使用电炉、电水壶、电熨斗、电烙铁等电热器具时，必须有人看管，离开时必须拔掉插头或切断电源。不准擅自接拆电气线路和用电设备，不准用纸或布遮盖电灯，不准在电热器具、蒸汽器具上烘烤衣服、鞋袜等。

5）废弃的棉纱、破布应放在指定的金属容器内，不得乱放；潮湿或附着油污的棉毛织物应及时处理，不准堆放在闷热的地方，以防自燃。

6）货舱灯必须妥善维护，使用时要检查灯泡及护罩，如有损坏应及时更换。货舱灯电缆要防止被他物压坏，使用后应放在指定地点妥善保管。

7）焊接作业须经船长同意（进入港内必须经有关部门批准），作业前须查清周围及上下邻近各舱有无易燃物，特别要查明焊接处是否通向油舱。进行气焊作业时，要严防"回火"，避免事故，并派专人备妥消防器材在旁监护。作业完毕后，要仔细检查有无残留火种，杜绝复燃的可能性。

8）油轮的货油泵间必须保持清洁，不得堆放杂物，经常清除油污。货油泵要定期检查，并应按规定进行注油。装卸期间，油泵操作人员或轮机员不得擅离职守；禁止使用闪光灯照相和在甲板阳光下使用凸透镜（如戴用老花眼镜）。

9）严格遵守与防火防爆有关的安全操作规程和有关规定。当发现安全隐患时，应及时报告；对违章行为应及时制止。

51. 建筑施工中如何预防火灾事故？

建筑施工中预防火灾事故的方法有很多，例如，建立健全消防安全责任制，确保消防工作落到实处，进行防火宣传等。

（1）建立并落实消防安全责任制，建筑工地人员和设备情况复杂，管理难度大，因而必须认真贯彻"谁主管，谁负责"的原则，明确安全责任，逐级签订安全责任书，确保安全。

（2）现场要有明显的防火宣传标志，必须配备消防用水和消防器材，关键部位应配备不少于4个灭火器，并经常检查、维护、保养以确保消防器材灵敏有效。要定期对施工现场的志愿消防队员进行教育培训。

（3）加强施工现场道路管理，合理规划施工现场，留出足够的防火间距。在施工现场设置宽度不小于3.5 m且24 h畅通的消防通道，禁止在消防通道上堆物、堆料或占用消防通道。

（4）加强对明火的管理，保证明火与可燃、易燃物堆场和仓库的防火间距符合要求，防止火星飞溅，对残余火种应及时熄灭。

（5）加强焊接作业管理，切实加强临时用电和生活用电安全管理。

（6）对特种作业人员定期进行培训，对火灾危险性较大的工种，如电工、油漆工、焊工、锅炉工等进行必要的消防知识培训，保障施工安全。

52. 厂房和仓库的火灾预防措施有哪些？

厂房和仓库的消防安全是至关重要的。一点小小的疏忽，都可能引发无法挽回的后果。因此，必须加强厂房和仓库的火灾预防，具体措施如下。

（1）落实消防安全责任

企业应落实消防安全主体责任，成立消防安全组织，明确消防安全责任人和消防安全管理人，建立消防安全档案，组织开展防火检查，督促火灾隐患的整改。消防安全责任人和消防安全管理人应熟知其消防安全职责，按照有关规定开展本单位的消防安全工作，确保消防安全的各项措施落到实处。

（2）管理好电气线路和用电设备

厂房和仓库火灾事故中，用电不当导致的火灾事故占比较高，应成为火灾预防工作的重中之重。

1）对电气线路选用进行把关。严禁采用不符合国家标准规定的电线，所有线路上均应装有空气开关或漏电保护等线路保护装置，否则，当设备故障或意外情况引起短路、漏电事故时，会导致无法及时断开电源造成火灾。

2）对电气线路的连接方式进行把关。电源线严格使用线卡（电线夹）固定连接，否则，会因松动产生打火、脱线现象。电线不够长时不可自行加接，必须更换整条电线，中间不允许有接头，否则，可能会因接触不良或加长部分不符合要求而发热、打火，引发火灾。电线过长时，严禁缠绕成小圈，以免产生涡流发热。电气线路应不受拉伸和扭曲应力的影响，否则，会引起线路短路或设备故障。电缆或电线的驳口或破损处要用电工胶布包好，不能用医用胶布或尼龙纸代替。不能乱拉电线和乱接电气设备，禁止使用多驳口和残旧的电线。

3）对用电方式进行把关。不能将电线直接插入插座。严禁用铜丝、铝丝、铁丝代替保险丝，空气开关损坏后立即更换，保险丝和空气开关的规格一定要与用电容量相匹配，禁止超负荷用电。

千万不能用铜丝、铝丝、铁丝代替保险丝。

4）对电气设备的使用情况进行把关。不准使用与工作无关的电气设备，电气设备通电后发现冒烟、发出烧焦气味时，应立即切断电源，进行检查和排查，不得带故障使用。电炉等发热的电气设备不得直接放在木板上或靠近易燃物品，无自动控制功能的电热器具用后要及时关闭电源，以免引起火灾。

5）对用电制度进行把关。电气线路和各种电气设备，应当定期进行检查维护，每年全面检查不少于一次，发现问题及时处理；不要在电源开关、保险丝和电线附近放置油类、棉花、木屑等易燃物品；下班后或者不工作时，必须切断电源。

（3）管理好火源、热源

在生产中涉及用火、动火的工序和部位要加强管理，作业前必须检查、清理现场。动火区内不准堆放易燃易爆危险物品，在做好防范措施，确保安全的前提下进行动火作业。要明确动火监护人，监护人在作业中不准离开现场，当发现异常情况时，应立即通知作业人员停止作业，联系有关人员采取措施；作业完成后确认无遗留火种，方可离开现场。仅允许在厂房、仓库指定区域划分出的吸烟区内吸烟，严禁在仓储区域和生产车间内吸烟。

（4）管理好货物及原料堆放

要按照仓库管理的相关规定堆放货物，货物与灯具和墙之间的距离不能小于 0.5 m，堆垛上部与楼板间、堆垛与柱间的距离不能小于 0.3 m。容易发生化学反应或是灭火方法不同的货物应当分间、分库储存，并在醒目处悬挂警示牌，注明物品名称、性质和灭火方法；货物的包装应牢固、密封，发现破损、残缺、变形和货物变质、分解等情况时，应立即进行处理；易自燃或遇水分解的货物，应在温度较低、通风良好且干燥的场所储存；使用过的可燃包装材料应存放在指定地点，并定期清理。另外，货物与风管、供暖管道、散热器之间的距离不能小于 0.5 m，与供暖机组、风管炉、烟道之间的距离不能小于 1 m。

（5）管理好内部装修材料和平面布置

应根据内部装修的要求，对厂房、仓库的吊顶、墙、楼板、疏散楼梯等材料耐火等级进行把关，如原则上吊顶的耐火等级应不低于二级；在丙类厂房和丙类、丁类仓库内设置的办公室和休息室，应采用耐火极限不低于 2.5 h 的防火隔墙和耐火极限不低于 1 h 的楼板与其他部分进行分隔，并应设有独立的安全出口。

（6）管理好安全操作规程

企业应对生产工艺流程加强管理，对于违反操作规程作业的行为坚决制止。消防安全责任人应熟悉生产过程的每个环节，对于火灾危险性大的工序应重点进行关注，确保落实消防安全要求。

（7）管理好集体宿舍和食堂

集体宿舍和食堂与员工生活密切相关，生活用火、用电导致的火灾事故屡见不鲜。加强食堂操作间用火管理，严禁在宿舍内使用大功率电器，严禁乱拉乱接电源线，严禁使用明火蚊香和蜡烛等措施可以有效地降低火灾发生概率。有些企业在宿舍升级改造时，将宿舍内的插孔插座改为 USB 接口电源，并将常用大功率电器集中在特定区域进行统一管理，有效地杜绝了乱拉乱接电源线和违规使用大功率电器现象，减少了火灾风险。

（8）管理好宣传教育培训

企业应按照相关规定开展经常性消防宣传教育，确保每名员工每年至少进行一次消防安全培训。培训内容主要包括消防法律法规、消防安全制度和保障消防安全的操作规程；本单位、本岗位的火灾危险性和防火措施；消防设施的性能、消防器材的使用方法；报火警、扑救初期火灾以及自救逃生的知识和技能等。应制作火灾预防常识的宣传海报，在员工出入频率较高的场所和部位进行张贴；充分利用企业滚动字幕屏，编写与当前主要工作相结合的宣传标语；利用广播和电子屏播放消防宣传教育音频和视频，潜移默化地将消防安全意识植入员工的心中。

（9）管理好消防设施和器材

消防设施和器材能够及早发现火灾，并对火灾的扑救和控制起到积极的作用。企业必须按照规定配备消防设施和器材，确保各类消防设施和器材完好有效，并定期进行维护保养。设有消防控制室的企业，还应对消防控制室人员进行严格管理，

除在保证至少有 2 人 24 h 值班外，还应保证值班人员持证上岗
且能熟练使用各类消防设施和器材。

53. 易燃易爆危险品的生产、储存和运输过程中如何预防火灾事故?

易燃易爆危险品的生产、储存和运输过程中，预防火灾事
故至关重要。为了确保安全，必须采取一系列措施。

（1）易燃易爆危险品生产阶段的注意事项

以烟火药的生产为例，在原料准备阶段，烟火药的原材
料必须符合有关原材料质量标准要求，并具有产品合格证，经
过检验合格方可使用。在开启原材料的包装时，应检查包装是
否完整；包装打开后，应检查包装内物质与有关标识是否相
符；发现包装内物质与标识不符及物质受潮、变质等现象应
停止使用。原材料粉碎前应对设备和工具进行全面检查，并
认真清除粉尘；粉碎前后应筛选除去杂质。严禁将氧化剂和
还原剂混合粉碎筛选；粉碎筛选过一种原材料后的机械、工
具、工房应经清扫（洗）、擦拭干净才能粉碎筛选另一种原材
料；高感度的材料应专机粉碎；不应用粉碎氧化剂的设备粉碎
还原剂，或用粉碎还原剂的设备粉碎氧化剂。原材料粉碎时
应保持通风并防止粉尘浓度过高。用湿法粉碎时，不应有原材
料外溢。粉碎的原材料包装后，应标明品种、规格、数量和
日期。

（2）易燃易爆危险品的安全储存要求

按要求设专职保管员，建立严格的保管、领发和出入库
登记制度。库区内严禁无关人员进入，严禁吸烟和用火，进入
库区的机动车必须加装火花熄灭装置。库区内装设的照明、报
警等电气设备，必须符合防爆、防火规定。库区内严禁设立
办公室、宿舍。库内储存量不得超过设计容量；性质不同的物

品，不得同库存放。库内堆垛之间、堆垛与墙壁之间、垛底与地面之间的距离及堆垛的高度、宽度设计等必须符合国家相关标准。

（3）易燃易爆危险品的安全运输要求

一方面，运输过程应该满足相关法律法规和标准的规定。以运输烟花爆竹为例，经由道路运输烟花爆竹的，应当经公安部门许可；经由铁路、水路、航空运输烟花爆竹的，依照铁路、水路、航空运输安全管理的有关法律、法规、规章的规定执行。经由道路运输烟花爆竹的，托运人应当向运达地县级人民政府公安部门提出申请，并提供下列材料：承运人从事危险货物运输的资质证明；驾驶员、押运员从事危险货物运输的资格证明；危险货物运输车辆的道路运输证明；运输车辆牌号、运输时间、起始地点、行驶路线、经停地点；托运人从事烟花爆竹生产、经营的资质证明等。另一方面，由于运输过程不可避免地会有物料间、物料与设备间的摩擦、撞击，还有可能产生静电（尤其运输有机易燃物料）、过热等。因此在具体工作中还要求对所运输的物料能承受（或者是符合安全要求）的运输方法有所考虑，尽量减少运输过程中的撞击、摩擦并限制其速度（流速）。

54. 不同生产工艺如何预防火灾爆炸事故？

针对不同生产工艺的火灾和爆炸事故，需要采取相应的预防措施，包括定期检查设备、严格执行操作规程、使用防爆电气设备、设置火灾报警系统和消防设施等。这些措施可以有效降低火灾爆炸事故的风险，保障生产安全顺利进行。以下是一些针对不同生产工艺的预防火灾爆炸事故的措施。

（1）危险化学品干燥的安全事项

干燥有常压和减压两种方式。在干燥过程中要注意：严格控制温度，防止局部过热造成物料分解爆炸；干燥过程中散发出来的易燃易爆气体或粉尘，不应与明火和高温表面接触，防止燃爆。同时，在操作过程中应有防静电措施，例如，使用滚筒干燥时应适当调整刮刀与筒壁的间隙，防止产生火花。

（2）危险化学品加热的安全事项

危险化学品生产中常用的加热方式有直接火加热（包括烟道气加热）、蒸汽或热水加热、有机热载体（或无机热载体）加热以及电加热等。注意事项包括：直接火加热危险性最大，温度不易控制，可能造成局部过热烧坏设备，引起易燃物料的分解爆炸；用高压蒸汽加热时，对设备耐压要求高，需严防泄漏或蒸汽与物料混合，避免造成事故；使用热载体加热时，要防止热载体循环系统堵塞，导致热油喷出，酿成事故；使用电加热时，电气设备要符合防爆要求；当加热温度接近或超过物料自燃点时，应采用惰性气体保护。

（3）温度控制的安全事项

温度是生产中需要进行控制的主要参数，将温度控制在合理的范围内，是保障化工产品质量、有效预防工艺火灾的重要途径。在生产过程中，如果温度超过控制指标，就会使液态物料急剧沸腾，出现爆炸或者自燃现象；而如果温度过低，会使物料凝固冻结而堵塞管路，导致设备胀裂，因此，做好温度控制工作十分关键。一是要合理选择传热介质，例如，在石油化工生产过程中，比较常用的热载体有电阻丝、水蒸气、熔融金属以及矿物油等，常用的冷载体有气体和制冷剂等，在选择载体时，要避免使用与物料性质相抵触的载体。二是要及时地转移反应热，例如，有机合成中的氧化反应、聚合反应都是放热反应，所以要采取措施避免热量积聚，常见的转移反应热的方法有冷料循环、稀释剂循环、惰性气体循环等。

一定要将温度控制在合理的范围内，才能保障化工产品的质量。

（4）蒸馏的安全事项

蒸馏是化工生产中常用的物料分离方法。蒸馏可以把某种物质从其混合物（两种或两种以上的物质）中提出，以达到提纯加工的目的，其主要是利用不同物质的理化性质不同，即沸点不同而采取的分离方法。蒸馏的操作温度较高，大多在易燃液体闪点以上，具有很大的危险性。因此，在具体的操作过程中应重点关注被处理物质的热稳定性和蒸馏的持续时间。当不稳定的副产物及杂质有浓缩的可能时应严格控制其累积含量。

（5）氧化的安全事项

以空气或氧气作氧化剂时，反应物料的配比应严格控制在爆炸范围以外。空气进入反应釜之前，要有净化装置，消除空气中的灰尘、水分、油污以及能使催化剂作用降低的杂质，以保持催化剂活性，减少火灾、爆炸的可能。在氧化过程中，对于放热反应，应及时将热量移出，适当控制氧化温度、流量，防止超温、超压，使混合气体始终处于爆炸范围以外。为防止接触器在发生爆炸或着火时危及人员和设备的安全，应在反应器前和管道中安装防火器，以防止火焰蔓延或回火，确保火灾不会影响其他系统。为防止接触器发生爆炸，接触器应有泄压装置（防爆膜、防爆片）。设备系统中还应考虑设有氮气、蒸气灭火装置等。

（6）硝化的安全事项

常用的硝化剂有浓硝酸、浓硫酸、发烟硫酸、混合酸等，这些物质都具有较强的氧化性、吸水性和腐蚀性，在使用过程中要避免其与油脂、有机物，特别是不饱和有机化合物接触，否则会引起燃烧。在制备硝化剂时，不能超温或让水分进入（保证设备不漏），否则会引起爆炸。被硝化的物质大多是易燃物，如苯、甲苯、氯苯、萘的衍生物等，这些物质不仅易燃，有的还有毒性，在使用过程中要注意落实相应的安全防范措施，以免发生火灾爆炸或中毒事故。

（7）氯化的安全事项

氯化过程所用原料大多为有机易燃物和强氧化剂，如甲烷、乙烷、苯、甲苯、乙醇、液氯等，生产过程中要严格控制火源的安全距离，严格遵循电气设备以及厂房的防火防爆要求。氯化过程常用的氯化剂为液氯或气态氯，氯气本身毒性较大，且氧化性极强，储存压力较高，一旦泄漏危险性较大。液氯在使用之前，必须先进入蒸发器进行汽化。一般情况下不准把储存氯气的气瓶或槽车当储罐使用，防止被氯化的有机物倒流进入气瓶或槽车引起爆炸。氯化反应是一个放热反应，尤其是在较高温度中进行氯化，反应更为剧烈，一旦泄漏很容易造成火灾爆炸事故，因此氯化反应设备必须有良好的冷却系统，操作过程中要控制好氯气流量，以免反应剧烈，温度骤升而引起事故。此外，氯气在使用过程中要配备齐全劳动防护用品并制定可靠的事故应急救援预案，预案中的安全措施必须得到落实。

55. 居家生活时如何预防火灾？

居家生活时，预防火灾是非常重要的，以下是一些有效的预防措施。

（1）清厨房

厨房是家庭用火最多的地方，清理厨房的重点是让油、纸、布等可燃物远离炉灶等火源。同时要定期对抽油烟机、燃气灶具的油渍进行清理。

（2）清阳台

要及时清理阳台上的杂物，特别是纸箱、塑料等易燃物。长时间外出，要关闭门窗，以免火星飞入家中引起火灾。

（3）清楼道

应保持消防通道、安全出口、疏散通道畅通；不在电缆井、电梯井和单元楼道内摆放杂物。保证消防通道的畅通，对消防安全工作至关重要，有的居民为了方便，经常将自行车、电瓶车或其他杂物放在楼梯出口或楼道内。一旦发生火灾，消防通道阻塞将会影响人员疏散，造成不必要的伤亡。

（4）关燃气

用气后及时将气源关闭，不得擅自改变燃气管路，定期检查燃气软管是否存在老化、脱落、漏气等家庭火灾隐患。

（5）关电源

各种各样的家用电器给居民带来便利的同时也存在着一定的隐患，一定要注意使用时间和使用方法，不用时拔掉电源。有些家庭习惯让空调等家用电器日夜"工作"，但空调功率较大，长时间使用后应关闭一段时间，以防配件温度过高或电路老化，引发火灾。家用电器出现故障，一定要及时维修，千万不要让电器带"病"工作。此外，选择正规合格的插座对避免火灾同样重要。

（6）关窗户

离开家时应关闭窗户，近年来燃放烟花爆竹产生的火星通过窗户进入室内引发火灾的案例屡见不鲜。

（7）不要随意吸烟

一些居民吸烟时不注意消防安全，如大风天在室外吸烟、乱扔烟头，在一些禁火地点吸烟或躺在床上吸烟，都很容易引发火灾事故。

（8）重视儿童监护工作

一些家长往往对孩子防火教育不够重视、缺少告诫，加之儿童的好奇心较强，若在可燃物较多的地方玩火，很有可能引发火灾事故。

（9）不要密封窗户

为了保持室内温度，有些家庭会将阳台和窗户密封，这直接造成了室内空气无法与室外空气流通，一旦出现燃气泄漏，往往会造成严重后果。离开家及晚上入睡前，要确认燃气阀门置于关闭位置；如发生燃气泄漏，要迅速关闭阀门，打开门窗，切勿惊慌失措，严禁动用明火。

六、火灾扑救

56. 灭火原则有哪些?

（1）第一时间报警

发现火情时要立刻拨打"119"火警电话报警，要说清火灾发生的详细地址、起火的部位和物品以及火势的大小，是否有被困人员等，并派专人在路口引领消防车。

（2）报警的同时扑救

在报警的同时需要积极采取相应措施防止火势扩大，火灾初期是扑救的黄金时间，往往只需要较少的灭火器材就可以扑灭，而消防救援队到达往往需要一定的时间，所以消防救援队到达之前的扑救不容忽视。

（3）先控制再消灭

对于不能立即扑灭的火灾，首先要控制火势继续蔓延，具备扑灭的条件时再全面进攻，比如在扑救可燃液体等火灾时，液体从管道或容器中不断喷涌出来会使燃烧迅速发展，给扑救造成更大的困难，所以就需要切断可燃液体等的来源，防止燃烧进一步扩大，然后进行灭火工作。

（4）先救人后救物

要始终把人的生命安全放在第一位，发生火灾时的首要任务就是设法抢救受到火灾威胁的人员，因为生命重于泰山。

（5）防中毒和窒息

发生火灾时会伴随着大量烟雾以及有毒有害的气体，若不注意防护，则会造成被困人员和救援人员中毒和窒息。

（6）听从指挥不慌张

听从指挥人员指挥，有组织、有纪律地实施扑救工作，不能随便将身边物品作为灭火器具使用，否则很可能会造成火势扩大，给扑救造成更大困难。

（7）快速准确行动

火灾发生初期，越早出击就越能靠近着火点，越能及早地控制住火势的蔓延，越有利于扑灭火灾，减少损失。各类灭火力量应争分夺秒，迅速行动，在确保安全的情况下勇于靠近着火点，果断扑救。

57. 火灾事故的救援过程包括哪些？

火灾事故的救援需要迅速、准确、有效地进行，以确保人民生命财产的安全。火灾事故的救援步骤如下。

（1）通知和报警

在发现火灾时，应立即报警，向消防救援机构报告火灾的地点，以便其及时出动灭火队伍，并且通知周围人员迅速撤离现场。同时，可以通过电子邮件、短信、电话等多种方式将火灾的信息及时传达给其他可能受影响的人，确保他们了解火灾的地点和情况。

（2）安全撤离

在火灾现场，人的生命安全才是最重要的，如果火灾无法控制，应第一时间考虑安全撤离。制定好撤离路线和集合点，引导人群迅速撤离现场；在紧急情况下，千万不要慌乱和跑得太快，观察并遵守现场人员的指挥，避免在撤离过程中受到伤害。

（3）灭火

灭火是火灾应急救援中的重要环节。如果火势较小，可以根据不同种类的燃烧物使用不同种类的灭火器进行灭火。例如，木、纸等物燃烧时，应用干粉灭火器；油及其他易燃液体

燃烧时，应用干粉或泡沫灭火器；电气设备燃烧时，应用干粉或二氧化碳灭火器。但是，如果火势较大并且已经失去控制，要尽快撤离。如果没有逃生的机会，应找一个相对安全的地方，远离高温和烟雾，用湿毛巾遮住口鼻，等待救援人员的到来。

（4）确定人员

在火灾现场，要及时确定人员，确保每个人都能及时撤离，并在撤离的过程中相互帮助。同时，要建立被困人员名单，随时掌握被困人员的情况，尽全力对其进行救援，保证其生命安全。

（5）协助救援人员

火灾发生时，消防救援人员、人民警察和医护人员都需要及时出动，为受灾群众和受伤者提供必要的救援和治疗。广大人民群众应该积极协助救援人员，向其提供必要的信息和必要的帮助，尽可能地减少火灾的影响。

相关知识

电气设备发生火灾时有可能出现以下情况：在危急情况下，如果等待切断电源再进行扑救，会耽误宝贵的时间，有使火势蔓延扩大的危险；或者在切断电源会严重影响生产的情况下，为了取得扑救的主动权，需要在带电的情况下进行扑救。扑救带电的电气设备火灾应注意以下五点。

（1）必须在确保安全的前提下进行，应用不导电的灭火剂（如二氧化碳、干粉等）进行灭火。不能直接用导电的灭火剂（如泡沫等），否则会造成触电事故。

（2）使用小型二氧化碳、干粉灭火器灭火时，由于其射程较近，要注意保持一定的安全距离。

（3）在穿戴绝缘手套和绝缘靴、水枪喷嘴安装接地线的情况下，灭火人员可以采用喷雾水灭火，但仍不能使用直射水流等。

（4）如遇带电导线落于地面，则要防止跨步电压触电，救援人员需要进入灭火时，必须穿上绝缘鞋。

（5）有油的电气设备（如变压器）着火时，可用干燥的黄沙盖住火焰，使火熄灭。

58. 常用的消防设备有哪些？如何使用？

了解不同类型的消防设备和其正确的使用方法对于应对不同类型的火灾非常重要。在日常生活中，应该了解各类消防设备的用途和操作方法，以便在火灾发生时能够及时采取有效的措施进行灭火或逃离火场。以下是一些常用的消防设备及其使用方法。

（1）手提式干粉灭火器

使用说明：将筒身上下摇动数次，拔出安全销，使筒体与地面保持垂直；选择上风位置接近火点；手握胶管，将胶管朝向火焰根部，用力压下握把，将干粉射入火焰根部；待火熄灭后用水冷却除烟。

（2）消火栓

使用说明：取出消火栓内水带并展开，一端连接在出水接口上，另一端接上水枪，快速拉取水带至事故地点，沿途铺设时应避免骤然曲折，以防止降低消防水带的耐水压能力；还应避免扭转，以防充水后水带转动使内扣式水带脱开；之后缓慢开启球阀（严禁快速开启，防止造成水锤现象），充水后应避免在地面上强行拖拉水带，需要改变位置时要尽量抬起移动，以减少水带与地面的摩擦。

（3）疏散指示标识

规格：15 cm×30 cm；配置要求：出入口、主通道，每隔8~10 m设置1个；使用说明：疏散指示标识是一种在亮处吸光、暗处发光的消防指示牌，它可挂可贴，主要作用是指示安全通道和安全门。

（4）消防应急灯

使用说明：消防应急灯是一种自动充电的照明灯，发生火灾或停电时，消防应急灯会自动开启，指示安全通道和出口的位置。

59. 针对不同类型的火灾应选用哪些灭火器？

火灾是造成人员伤亡和财产损失的主要事故之一。正确地使用灭火器可以有效地控制和消灭火灾，减少损失。不同的灭火器适用于不同类型的火灾。《火灾分类》（GB/T 4968—2008）将火灾分为六类，针对这六类火灾，下面简要介绍适用的灭火器的类型。

（1）A类火灾是固体物质火灾，如木材、布、纸、橡胶及塑料燃烧引起的火灾。对A类火灾，一般可使用清水灭火器灭火，但对于忌水物质，如珍贵的图书、档案资料等应尽量减少水渍所造成的损失，可以使用二氧化碳灭火器、干粉灭火器灭火。

（2）B类火灾是液体或可熔化的固体物质火灾，如原油、汽油、煤油、酒精等燃烧引起的火灾。对B类火灾，应及时使用泡沫灭火器灭火，也可使用干粉灭火器、二氧化碳灭火器灭火。

（3）C类火灾是气体火灾，如氢气、甲烷、乙炔燃烧引起的火灾。对C类火灾，因气体燃烧速度快，极易造成爆炸，一旦发现可燃气体着火，应立即关闭阀门，切断可燃气体来源，同时使用干粉灭火器灭火。

（4）D类火灾是金属火灾，如镁、铝、钛、锆、钠和钾等燃烧引起的火灾。对D类火灾，因金属燃烧时温度很高，普通灭火器在高温下会发生分解而失去作用，需使用专用灭火器。金属火灾常用的灭火器有两种：一是液体型灭火器，二是粉末型灭火器。例如，用三甲氧基硼氧六环灭火器（7150灭火器）扑救镁、铝、镁铝合金、海绵状钛等轻金属火灾，用原位膨胀石墨灭火器扑救钠、钾等碱金属火灾。少量金属燃烧时可用干沙、干的食盐、石粉等扑救。

（5）E类火灾是带电火灾，指物体带电燃烧的火灾。对E类火灾，应选用卤代烷灭火器、二氧化碳灭火器、干粉灭火器灭火，不能用水灭火。

（6）F类火灾是烹饪器具内的烹饪物（如动物油脂、植物油脂）火灾。对F类火灾，应采用窒息灭火法灭火，如用锅盖等身边的不燃物体立即将燃烧物体盖住，以达到阻止空气进入燃烧区的目的。如引起大面积火灾，可用空气泡沫灭火器灭火。

60. 管道系统发生火灾时如何扑救?

管道系统同生产设备一样,是工业生产中不可缺少的组成部分,起着连接不同工艺设备、完成特定工艺过程的作用。在某些情况下,管道本身也同设备一样能完成某些化工生产过程,即"管道化生产"。管道系统布置纵横交错、种类繁多、连接点多,被输送物质的理化性质多样,火灾事故发生率高。管道系统发生火灾事故时,火焰容易沿着管道扩展蔓延,使事故迅速扩大。

(1)可燃液体管道火灾扑救

可燃液体管道因腐蚀穿孔、垫片损坏、管线破裂等引起泄漏,被引燃后,着火液体在管内液压的作用下向四周喷射,对邻近设备和建筑物有很大威胁。扑救这类火灾,应首先关闭输液泵、阀门,切断向着火管道输送的液体;然后采取挖坑筑堤的方法,限制着火液体流淌,防止火势蔓延。单根液体管道发生火灾,可用直射水流、泡沫或干粉灭火器等灭火,也可用沙土等掩埋扑灭。在同一地方铺设多根管道时,如果其中一根管道发生火灾,在火焰的热辐射作用下,其他管道的机械强度会降低,并因管内液体或气体膨胀发生破裂,导致火势扩大。因此,要加强对着火管道及其邻近管道的冷却。对管道内的流淌火,因其易形成立体或大面积燃烧,可从管道的一端注入蒸汽吹扫,或注入泡沫灭火剂或水进行灭火。若输油管道裂口处形成火炬式火焰且稳定燃烧,应用交叉水流,先喷射火焰下方,然后逐渐上移,将火焰割断灭火。若输油管道附近有灭火蒸汽接管,也可采用蒸汽灭火。

(2)可燃气体管道火灾扑救

可燃气体管道发生火灾时,不要急于灭火,应以防止蔓延和发生二次灾害为重点。在关闭进气阀门或落实堵漏措施后,才可灭火。阀门受火势直接威胁无法关闭时,应先冷却阀门,在保证阀门完好的情况下，再进行灭火。同时，应把握时机，选择火焰由高变低、声音由大变小，即压力降低的有利条件灭火，灭火后迅速关闭阀门，并使用蒸汽或喷雾水稀释和驱散余气。扑救气体火灾，可选择清水、干粉灭火剂或蒸汽等。灭火后对容器、管道要继续射水，以驱散周围可燃余气。扑救有毒的可燃气体火灾时，扑救人员必须佩戴防毒面具。

（3）物料输送风道、吸尘管道、空调管道火灾扑救

管道着火后，火苗有可能很快进入物料输送风道、吸尘管道、空调管道，并沿其蔓延扩大，必须截击阻止，消除余火，防止蔓延。

1）火苗窜入物料输送风道。立即停止操作设备，关闭输送风机和风道阀门，将火焰控制在风道的局部范围，制止其蔓延。打开输送风道的旁通漏斗，设法将着火物料引出，就地彻底扑灭。着火物料难以取出的，应根据发烟浓度、管壁温度，判明大致燃烧范围，破拆风道，强行清理，或用水枪深入风道灌注灭火。

2）火苗窜入吸尘管道。立即关停着火区域的吸尘风机，关闭除尘管道的阀门，尽量将火苗控制在局部区域内。查明火点位置，将着火物料通过旁通管引出，并就地扑灭。设有火焰自动探除器的，要启动火焰自动探除器，及时导出着火物料，并消灭余火。难以清除着火物料时，要破拆吸尘管道，清除着火物料，防止火苗窜入邻近吸尘管道和除尘室，导致燃烧范围扩大。

3）火苗窜入空调管道。及时关闭空调设备和防火阀门，控制燃烧范围。先破拆空调管道的保温层，通过烟雾浓度、管道温度、管道颜色变化，确定火点位置，用金属切割设备分别拆开火点两端的空调管道，并用水枪扑灭管道内火焰，同时冷却降低空调管道温度。火点被扑灭后，要清理出燃烧过的棉絮等物品。燃烧范围大、火点多时，要多点同时破拆，逐点消灭，不留死角。

（4）下水道、管沟火灾扑救

企业生产往往要消耗大量工业用水，需排放或净化处理的污水量很大，污水中经常混有易燃易爆或有毒的物质。装置或设备若发生泄漏，可燃蒸气易在下水道、管沟等低洼处聚集，遇到明火即会发生火灾。此外，下水道、管沟一般遍及整个生产园区，一旦着火，易蔓延成灾。扑救下水道、管沟火灾时，可用湿棉被、沙土、堵塞气垫等堵住下水道、管沟两端，防止火势向外蔓延。若是暗沟，可分段堵截，然后向暗沟喷射高倍数泡沫灭火剂或采取封闭窒息等方法灭火。火势较大时，应冷却保护邻近的物资和设施，用泡沫或二氧化碳灭火剂灭火。若油料流入江河，则应于水面进行拦截，把火焰压制到岸边安全地点后用泡沫灭火剂灭火。

61. 生产装置发生火灾时如何扑救？

易发生生产装置火灾的企业包括制造工厂、化工厂、电力厂等。火灾可能由多种原因引起，包括电气故障、设备故障、人为错误、化学反应失控等。生产装置通常是昂贵且不可替代的，火灾会导致这些装置损坏，进而影响生产能力。因此，预防火灾和采取紧急措施扑救火灾是确保生产装置正常运作的关键。

（1）冷却防爆

冷却保护是扑救生产装置火灾过程中防止着火设备、受火焰热辐射威胁的设备发生爆炸的最有效措施，应重点冷却被火焰直接作用的压力设备，把控制爆炸作为火灾扑救的主要任务。目前，许多企业设置了水喷淋系统、消防水炮和水枪等现场消防设施，这些设施操作简单，生产装置的操作人员即可使用。所以，一旦发生火灾，操作人员在报警的同时，要迅速启动可能发生爆炸的装置上设置的水喷淋系统，并就近利用消防水炮、水枪对着火设备和受到火焰强烈热辐射影响的设备、框架、管线、电缆等进行冷却，防止设备超温、超压和变形。

（2）采用工艺灭火措施

工艺灭火措施主要有关阀断料、开阀导流、火炬放空、搅拌灭火等。工艺灭火措施是科学、有效处置生产装置火灾的技术手段。

（3）阻止火势蔓延

对有物料泄漏流淌的生产装置火灾现场，应尽早组织人员用沙袋或水泥袋筑堤堵截或导流，在适当地点挖坑以容纳流淌的物料，防止着火的物料向高温高压装置区蔓延，严防形成大面积流淌火或物料流入下水道、管沟引起大范围爆炸。对高大的塔、釜、炉等设备流淌火，应布置"立体型"冷却，组织"内歼外截"的强攻，必要时可注入惰性气体灭火。

相关链接

扑救生产装置火灾应注意以下问题。

（1）不可盲目灭火

若可燃液体、气体只泄漏但未着火，应先做好防护，进行出水掩护并做好防止产生火花的措施，再实施堵漏，最后处理泄漏的物料。如果可燃液体、气体泄漏后着火，在无止漏把握的情况下，只能对着火和邻近的储罐、设备、管道实施冷却保护，切不可盲目灭火，否则会引起爆炸、复燃，造成人员窒息、中毒等伤害事故，引起更大的损失。

（2）不可盲目进攻

进入封闭的生产车间，要先在适当位置用直流或开花射流水喷射，破坏轰燃条件后再实施进攻。不要盲目灭火，进入灭火一线的人员要有经验，且要选好撤退的路线或隐蔽的位置，无关人员不准进入。

（3）充分发挥固定消防设施的作用

在安装有稳高压消防水系统、固定泡沫灭火系统等固定消防设施的场所，一定要发挥好固定水炮、泡沫炮的作用，同时，应从高压消火栓接出水带，对固定水炮覆盖不到的地方进行冷却或扑救。

（4）防止复燃复爆

生产装置火灾应重视防止复燃复爆发生，对已经扑灭明火的装置必须继续进行冷却，直至达到安全温度。扑灭流淌火后，要注意冷却水对泡沫覆盖层的破坏，根据情况及时复喷泡沫覆盖。对于被泡沫覆盖的可燃液体应尽快予以收集，防止复燃。要适时检测，严防溢流出的可燃液体挥发形成爆炸性气体混合物。

（5）重视防护

进入着火区域的人员应穿防火隔热服，保持皮肤不外露，防止被灼伤。进入有毒区域的人员，应根据毒物特点确定防护等级，视情况佩戴空（氧）气呼吸器等劳动防护用品，防止中毒。在冷却和灭火时要注意自我保护，充分利用好地形、地物，防止爆炸造成伤害。灭火过程中，要自始至终监视火场情况的变化（包括风向、风力变化，火势，有无爆炸、沸喷的征兆等）。当火场出现爆炸、倒塌等的征兆时，应采取紧急避险措施。

（6）防止造成环境污染

灭火时，应加强对现场形成的流淌水的管理，防止流淌水未经处理直接流入排水系统，造成环境污染。

62. 可燃气体泄漏火灾如何扑救？

可燃气体泄漏火灾是指在工业、商业或居住区域中，由于可燃气体的泄漏引发的火灾事故。这种类型的火灾可能涉及多种气体，包括天然气、液化石油气、甲烷、丙烷等。可燃气体泄漏火灾会导致大量有害化学物质的释放，对土地、水源和空气造成污染，进而对周围环境和生态系统产生长期的影响。因此，可燃气体泄漏火灾的扑救尤为重要。

（1）控制火势蔓延，积极抢救人员

首先扑灭外围被引燃的可燃物，切断火势蔓延的途径，控制燃烧范围，并积极抢救受伤和被困人员。如果附近有受到火焰热辐射威胁的压力容器，应尽量在水枪的掩护下将附近人员疏散到安全地带。

（2）冷却降温，防止爆炸

开启固定水喷淋系统，用水冷却正在燃烧的储罐和与其相邻的储罐，对于火焰直接接触的罐壁表面和邻近罐壁的受热面，要加大冷却强度。必须保证充足的水源，充分发挥固定水喷淋系统的冷却保护作用。冷却降温要均匀，不要留下空白，避免爆炸事故发生。

（3）灭火堵漏，消除危险源

要抓住战机，适时实行强攻灭火。对准泄漏口处火焰根部合理进行交叉射水分隔、密集水流交叉射水，或对准火点喷射干粉、二氧化碳灭火剂，扑灭火焰。可燃气体储罐或管道阀门处泄漏着火，且储罐或管道阀门无法关闭时，应根据火势判断气体压力和泄漏口的大小及其形状，准备好相应的堵漏器材（如塞楔、堵漏气垫、黏合剂、卡箍工具等）。堵漏工作准备就绪后，即可实施灭火，同时需用水冷却烧烫的罐壁或管壁。火被扑灭后，应立即用堵漏材料堵漏，同时用雾状水稀释和驱散泄漏出来的可燃气体。如果泄漏口非常大，无法堵漏，则需冷却着火容器及其周围容器和可燃物品，控制着火范围，直到气体燃尽，火势自动熄灭。

（4）实施现场监控，防止爆炸和复燃

现场扑救人员应注意各种爆炸危险征兆，遇有燃烧的火焰由红变白、光芒耀眼，燃烧处发出刺耳的呼啸声，罐体抖动，排气处、泄漏处喷气猛烈等情况时，火场指挥人员与扑救人员应尽快判断是否会发生爆炸，以及时作出撤退决定，避免造成人员伤亡。

相关链接

扑救可燃气体泄漏火灾应注意以下事项。

（1）查明情况，采取措施

根据泄漏处是否着火采取相应的措施，防止盲目进入可燃气体泄漏区域。根据泄漏的部位，判断是储罐泄漏，还是管线泄漏，再根据泄漏点缺口形状和气体的性质决定堵漏材料。以液化石油气为例，液化石油气的泄漏应首先判断是漏气还是漏液，一般来说，漏气比漏液的危险性小，因为当液化石油气系统发生漏气时，液化石油气在系统内汽化吸热，使系统内温度下降，压力也随之下降，有利于堵漏抢险作业。而漏液时，液化石油气在系统外汽化吸热，系统内的压力和温度均没有下降，不利于堵漏作业。因此，发生漏气和漏液时的堵漏方法也不同，漏液时可使用冻结的方法堵漏而漏气时则不能。

（2）安全防护必须到位

接近燃烧区域的人员要穿防火隔热服，佩戴空气呼吸器或正压式氧气呼吸器等劳动防护用品，防止高温、热辐射灼伤和中毒。发生可燃气体泄漏事故，消防车应布置在离罐区 150 m 的上风方向和侧风方向，车头朝向便于撤退的方向，抢险救援应当从泄漏点的上风方向和地势较高的地方开展，水枪阵地要设置在靠近掩蔽物的位置，尽可能避开下水道、管沟的上方和着火架空管线的下方。负责冷却的人员应尽量采用低姿射水或利用现场坚实的掩蔽物防护。卧式罐起火时，负责冷却的人员应尽量避开封头位置，在储罐四侧角射水冷却，防止爆炸时封头飞出伤人。冷却和灭火的水枪阵地，应当设置后排水枪保护。

（3）检测气体，防止爆炸

在火灾扑救中，要对燃烧区域外的重点部位的可燃气体浓度进行检测。不但要在火灾扑救没有结束之前坚持连续不断地检测，火灾被扑灭后，即使泄漏已经停止，仍要继续检测。检测的主要部位是泄漏处、储罐和管线阀门处、火场的低洼处、墙角和背风处以及下水道井盖处等。

（4）实施堵漏

在抢险救援过程中，堵漏作业一定要抓紧时间在白天进行，以免晚上使用照明灯具等点燃泄漏的可燃气体。堵漏时要停止其他作业，因为其他作业不仅可能产生点火源引发爆炸，而且增加了警戒区的工作难度。在液化石油气火灾的扑救和堵漏中，由于液化石油气泄漏时会快速汽化，吸收周围大量的热，在泄漏点附近形成冷地带，因此堵漏人员要做好防冻措施，防止液体直接喷溅到皮肤上，造成人员冻伤。另外，要防止液体溅入眼内。

（5）无法堵漏，严禁灭火

在不能有效地制止可燃气体泄漏的情况下，严禁将正在燃烧的储罐、钢瓶、管线泄漏处的火焰扑灭。即使在扑救或冷却周围容器和可燃物的过程中不小心把泄漏处的火焰扑灭了，在没有采取堵漏措施的情况下，必须立即用长点火棒将火焰重新点燃，使其恢复稳定燃烧。否则，大量可燃气体泄漏出来与空气混合，遇到点火源就会发生爆炸，造成更严重的危害。

63. 可燃液体泄漏火灾如何扑救？

可燃液体泄漏火灾是指在工业、商业或居住区域中，由于可燃液体的泄漏引发的火灾事故。可燃液体包括汽油、柴油、溶剂、涂料、酒精等。处理可燃液体泄漏火灾需要多方面的应对措施。

（1）切断火势蔓延途径，控制燃烧范围

首先应切断火势的蔓延途径，冷却和移除受火焰热辐射威胁的压力容器或密闭容器和可燃物，控制燃烧范围，并积极抢救受伤和被困人员。对于泄漏液体流淌火灾，应筑堤（或用围栏）拦截流淌的可燃液体或挖沟导流；封闭工艺流槽，并用填沙土的方法封闭污水井。对受热辐射强烈影响区域的装置、设备和框架结构应加以冷却保护，防止其受热变形或倒塌；开阀将着火或邻近装置、设备和管道中的可燃液体导流至安全储罐。在受蒸气扩散影响会出现爆炸危险的区域内，应立即停止动火作业和消除其他可能的点火源。

（2）根据火情，采取针对性的灭火方法

1）对于可燃液体储罐泄漏着火，在切断火势蔓延途径并把火势限制在一定范围内的同时，应迅速准备好堵漏工具，先用泡沫、干粉、二氧化碳灭火剂或雾状水等扑灭地上的流淌火，为堵漏扫清障碍，然后再扑灭泄漏口的火焰，并迅速采取堵漏措施。

2）对于大面积地面流淌火，应采取围堵防流、分片消灭的方法；对于重质油流淌火，可视情况采取挖沟导流的方法，将油品导入安全的指定地点，再利用干粉或泡沫灭火剂一举扑灭；对暗沟流淌火，可先将其堵截住，然后向暗沟内喷射高倍数泡沫灭火剂，或采取封闭窒息等方法灭火。

3）对于固定灭火装置完好的燃烧罐（池），应及时启动灭火装置实施灭火；对于固定灭火装置被破坏的燃烧罐（池），可利用泡沫管枪、移动泡沫炮、泡沫钩管进攻或利用高喷车、举高消防车喷射泡沫等方法灭火。

4）对于在油罐的泄漏口、呼吸阀、量油口或管道等处形成的火炬式燃烧，可用覆盖物如浸湿的棉被、毛毯等覆盖火焰窒息灭火，也可用直流水冲击灭火或喷射干粉灭火。

5）对于原油和重油等具有沸溢和喷溅危险的液体火灾，如果有条件，可采取排放罐底积水等措施，以防止发生沸溢和喷溅。在灭火的同时必须注意观察火场情况变化，及时发现沸溢、喷溅征兆，迅速作出正确判断，及时撤退，避免造成伤亡和损失。

6）对于水溶性的液体如醇类、酮类等火灾，应使用抗溶性泡沫灭火。在燃烧面积大小和燃烧条件允许的情况下，也可用干粉灭火，同时需用水冷却罐壁。

（3）充分冷却，防止复燃

燃烧罐的火灾被扑灭后，要继续保持对罐壁的冷却，直至可燃液体的温度降到其燃点以下，并保持液面的泡沫覆盖。对于地面流淌火，在火灾被扑灭后，液面仍需保持泡沫的覆盖，直至采取现场清理措施。

相关链接

扑救可燃液体泄漏火灾应注意以下事项。

（1）判断着火面积

小面积（一般指 50 m^2 以内）液体火灾，用泡沫、干粉、二氧化碳灭火剂进行扑救效率较高；也可用雾状水扑救。大面积液体火灾则必须根据着火液体的相对密度、水溶性和燃烧面积大小，选择正确的灭火剂扑救。例如，扑救比水轻又不溶于水的液体（如汽油、苯等）时，用直流水、雾状水往往无效，应选择普通蛋白泡沫或轻水泡沫。比水重又不溶于水的液体起火时可用水扑救，因为水能覆盖在液面上灭火，也可用泡沫扑救。具有水溶性的液体（如醇类、酮类等），虽然理论上能用水扑救，但实践中容易使液体溢出流淌，而普通泡沫又会受到水溶性液体的破坏，因此，最好用抗溶性泡沫扑救。

（2）防毒

扑救毒害性、腐蚀性或燃烧产物毒害性较强的可燃液体火灾时，必须佩戴防护面具，做好防毒措施。

（3）堵漏

遇可燃液体管道或储罐泄漏着火，在把火势限制在一定范围内的同时，应设法找到并关闭进、出阀门，如果管道阀门已损坏，应迅速采取堵漏措施。与气体泄漏堵漏不同的是，液体泄漏一次堵漏失败，可连续堵几次，但需要用泡沫覆盖周围地面并控制好周围点火源。

64. 电气火灾如何扑救？

电线老化、设备故障、电路短路、设备过热、电缆损坏等，均可能导致电气设备发生故障，产生高温，最终引发火灾。电气火灾具有隐蔽性，因为火源可能隐藏在建筑结构内部或设备背后，不易被及时发现。及时有效地扑救电气火灾十分重要。

电气火灾的特殊性在于，灭火人员在灭火和冷却时用直射水流、泡沫等喷射带电部位，或救援人员的身体以及所使用的消防器材接触或接近带电部位，容易发生触电事故。为了防止发生触电事故，首先应禁止无关人员进入着火现场，特别是对于有电线落地已形成跨步电压或接触电压的场所，一定要划分出危险区域，设置明显的警示标志并由专人看管。同时，要与生产调度人员和专业电工合作，在允许断电时要尽快切断电源，为扑救火灾创造安全的环境。

当无法切断电源时，则要在设备带电的情况下灭火。

（1）用灭火器实施带电灭火

对于电气设备初期火灾，应使用干粉或二氧化碳灭火器进行扑救。扑救时应根据着火设备或电气线路的电压，确定扑救最小安全距离，在确保人体、灭火器的筒体（喷嘴）与带电体之间保持安全距离的情况下，尽量从上风方向实施灭火。

（2）用固定灭火装置实施带电灭火

在库区、生产装置区，变、配电所和装卸区等部位的二氧化碳、干粉固定灭火装置，以及高压细水雾系统等固定或半固定的灭火装置，可以直接用于带电灭火。

（3）用水实施带电灭火

因水能导电，用直射水流近距离直接扑救带电的电气设备火灾，会导致扑救人员触电，因此，只有在充分做好防触电措施的情况下，才能用水实施带电灭火。

相关链接

扑救电气火灾应注意以下事项。

（1）必须穿戴绝缘手套、绝缘胶鞋，必要时应穿均压服。

（2）用接地线将金属水枪喷嘴和铜网格接地板连接，根据电压高低选好安全距离，操作水枪的人员在接地板上站好后，方可射水扑救火灾。

（3）用喷雾水流进行带电灭火时，只要根据电压高低选好安全距离（最好超过3 m），水枪可以不用接地线，直接带电灭火。

（4）用充实水柱带电灭火时，应根据带电体电压高低，保持好安全距离，最好使用小口径水枪，采取点射射水灭火，或向斜上方喷射水流，使水呈断续的抛物线落于火点。

（5）用直流水枪灭火时，如听到放电声或发现放电火花、有电击感时，应采取卧姿射水，将水带与水枪的连接处的金属触地，以防触电。

（6）对架空带电线路进行灭火时，灭火人员与带电体之间的水平距离应大于带电体距地面的垂直距离，以防出现导线断落等意外情况危及灭火人员的安全。如果电线已断落，应划出8~10 m的警戒区，并禁止人员入内。

（7）在带电灭火过程中，没有穿戴绝缘防护用品的人员，不准接近燃烧区。火灾扑灭后，如果设备仍有电压，严禁任何人员接近带电设备和积水地区。

65. 危险化学品火灾如何扑救?

危险化学品火灾是指由于危险化学品的泄漏或其他因素引发的火灾事故。危险化学品是指具有可燃性、毒性、腐蚀性、爆炸性等危险性质的化学物质。危险化学品火灾在工厂、实验室、储存和运输场所都可能发生。以下是危险化学品火灾的扑救方法。

（1）设置警戒线

危险化学品事故现场情况复杂，应实施警戒，并迅速疏散危险区域内的人员。根据仪器检测结果和现场气象状况，划定警戒区域，并在适当的地方设置警戒线。

（2）选择适当的处置方法

危险化学品种类繁多，不同的危险化学品有各自的危险特性，处置方法也不同，发生危险化学品火灾事故时，必须首先把握危险化学品的种类和性质，根据事故现场的情况选择适当的处置方法。没有合适的处置方法和防护设备，绝不能贸然行动。

（3）正确选用灭火剂

在扑救危险化学品火灾时，应正确选用灭火剂，积极采取针对性的灭火措施。大多数可燃固体、液体火灾都能用泡沫灭火剂扑救。其中，水溶性的有机溶剂火灾应使用抗溶性泡沫灭火剂扑救，如醚类、醇类火灾；可燃气体火灾可使用二氧化碳、干粉等灭火剂扑救；有毒气体和酸、碱溶液发生火灾时，可在灭火的同时使用喷雾、开花射流水或设置水幕进行稀释；遇水燃烧物质如碱金属或碱土金属、遇水反应物质如乙硫醇、乙酰氯等发生火灾时，应使用干粉、干沙土等覆盖灭火；粉状物质如硫黄粉、粉状农药等发生火灾时，不能用强水流冲击，可用雾状水扑救，以防发生粉尘爆炸，扩大灾情。

（4）清理和洗消现场

危险化学品火灾被扑灭后，要彻底清理事故现场，防止部分危险化学品因未清理干净而再次燃烧。全面洗消火灾现场及参与火灾扑救的人员、装备等，对现场进行再次检测，确认现场残留物达到安全标准后，再解除警戒。

> **相关链接**
>
> 扑救危险化学品火灾应注意以下事项。
>
> （1）注意自身安全
>
> 进入危险区域的人员的防护要充分，穿着防化服，遵守行动规则，不得随意解除防护用品，不得随意坐下或躺下，不得在危险区域内进食和饮水等。扑救无机毒物中的氰化物，硫、砷和硒的化合物及大部分有机毒物火灾时，应尽可能站在上风方向，并佩戴防毒面具。
>
> （2）注意环境保护
>
> 在处置泄漏的危险化学品时，能回收的要尽量回收，不能回收的要防止流入河道。若已流入河道，要采取相应措施消除污染，并对污染河道进行连续、多点位、多层面的检测，既要做定性检测，又要做定量检测。同时要通报沿河群众、下游城市有关部门不要取用河水，密切关注污染水流情况。受污染的土壤应通过机械开挖清除，在安全区域采用焚烧或其他物理化学方法进行安全化处理。对于稀释过程产生的大量污染水，应尽可能收集到一处，以便集中处理。

66. 人体着火如何扑救？

人体着火多数是由于所在场所发生火灾爆炸事故或扑救火灾引起的，也有因用汽油、苯、酒精、丙醇等易燃油品和溶剂擦洗机械或衣物时，遇到明火或静电火花而引起的。人体着火时应采取如下扑救措施。

（1）若衣服着火又不能及时扑灭，则应迅速脱掉衣服，防止烧伤皮肤。若来不及或无法脱掉应就地打滚，用身体压灭火焰。切记不可跑动，否则流动的空气会助燃火势，造成更严重的后果，就地用水灭火效果会更好。

（2）如果人体溅上油类而着火，其燃烧速度会很快。人体的裸露部分，如手部、面部和颈部最容易被烧伤。此时因疼痛难忍，一般会本能地跑动。在场人员应立即制止其跑动，将其扑倒，用石棉布、棉衣、棉被等物覆盖灭火，用水浸湿后覆盖效果更好。用灭火器扑救时，不要对着面部喷射。

七、火场疏散与逃生

67. 火灾安全疏散中应注意的原则有哪些？

火灾一旦降临，在浓烟、毒气和烈焰包围下，不少人葬身火海，也有人死里逃生、幸免于难。"只有绝望的人，没有绝望的处境"，面对滚滚浓烟和熊熊烈焰，只要冷静机智、注意火灾安全疏散的原则，就有可能拯救自己。

（1）安全第一

任何时候，安全都是最重要的。在火灾发生时，要以保障人的生命安全为第一原则，减少人员伤亡。因此，当发生火灾时，要听从指挥，有序逃生，不贪恋财物，在确保自己安全的前提下再考虑救援他人。

（2）快速撤离

对于火灾疏散，时间非常关键，要快速行动。人员必须在最短时间内疏散，并且要有效地控制和管理疏散过程中的潜在风险。通常采用"快速撤离"的方式进行疏散，最大限度地减少被困人数。

（3）自救自护

每个人都应该了解自己所在区域的安全出口位置，以及紧急疏散路线。发生火灾时，不要惊慌失措，要沉着冷静地面对。应该先找到离自己最近的安全出口，做好自救自护的准备。

（4）依次疏散

在进行火灾疏散时，原则是儿童、老年人、残疾人、妇女、婴儿、怀孕女性等优先疏散，要保障疏散有序、安全进行。此外，在火灾疏散的过程中，必须能够根据现场的情况进行相应的调整和协调。

（5）防止踩踏

在火灾疏散过程中，有时会出现踩踏事件，导致人员伤亡。因此，为防止踩踏事件的发生，应严格做到地面防滑、视线明亮、通道宽敞等环境要求。应采用明确的指示标语和警示标志标明疏散路线，避免造成混乱，为疏散增加困难。

（6）集中指挥

火灾疏散时，必须有一个负责人进行指挥和协调。指挥者应该经过专业的培训并有相关的经验，能够快速地作出决策，协调各方面的资源，确保火灾疏散的顺利进行。此外，在疏散现场还要设置应急指挥中心，及时收集和发布信息，指挥和协调各个部门的资源。

总之，在火灾疏散的过程中，要以保障人的生命安全为第一原则，快速有效地疏散人员，采取防止踩踏、集中指挥等措施，尽量避免不必要的人员伤亡。同时，在平时要注意安全常识的学习，做好安全防范措施，以避免火灾的发生或减少火灾造成的损失。

68. 发生火灾后，建筑物内有哪些可利用的疏散设施？

发生火灾后，为了避免建筑物内的人员因烟气中毒、高温和房屋倒塌而受到伤害，必须尽快进行疏散，而在此过程中，需要最大限度地利用好建筑内的疏散设施。

（1）疏散通道和楼梯

建筑物内部应设置足够宽敞的疏散通道和楼梯，以确保人员在紧急情况下能够快速疏散。疏散通道和楼梯应具备防火性能，例如采用耐火材料、装设自动灭火装置等。

（2）防烟、排烟系统

防烟、排烟系统可以有效阻止烟气扩散，避免人员因吸入有毒烟气而中毒或窒息。常见的防烟、排烟系统包括防烟垂壁、排烟通风系统等。

（3）喷淋系统

喷淋系统是一种灭火设施，可用于扑灭火灾、降低火灾蔓延速度，并降低烟气浓度。喷淋系统通常安装在建筑物内的关键区域（如走廊、电梯井等）和高风险区域（如厨房、机房等）。

（4）灭火器

灭火器是一种常见的小型灭火设备，可用于现场灭火。根据灭火剂的不同，常见的灭火器包括清水灭火器、二氧化碳灭火器和干粉灭火器等。

（5）疏散提示标志

疏散提示标志用于指示人员沿着安全疏散路线进行疏散，通常包括安全出口、应急避难场所等的标志。这些标志应明确易懂，并保持清晰可见。

（6）应急照明系统

应急照明系统用于在火灾等突发情况下提供足够的照明，以便人员能够识别疏散通道和设施。应急照明系统通常包括应急灯、事故灯等。

（7）火灾自动报警系统

火灾自动报警系统是用于检测火灾，并发出警报以通知人员及时疏散的系统。该系统通常包括火灾探测器、报警器、控制器等。

（8）高层建筑避难层

在高层建筑中，为了防止人员被困在高层无法疏散，常常会设置避难层。避难层配备有生活必需物资和通信设备，可以供人员短期避难和等待救援。

（9）消防控制室

消防控制室是专门设立的一处指挥和监控中心，用于监测消防系统的运行情况和处理火灾等突发事件。消防控制室通常配备有火灾报警控制台、视频监控设备、通信设备等。

（10）防火门和防火卷帘门

防火门和防火卷帘门可以有效阻止火势蔓延，保障疏散通道的安全。防火门和防火卷帘门应具备良好的防火性能，通常采用耐火材料制成。

69．火灾逃生的基本原则有哪些？

发生火灾时，火势的发展及烟雾的蔓延是有一定规律的，同时火场也是千变万化的，被浓烟烈火围困的人员一定要抓住有利时机，就近利用一切可以利用的工具、物品，想方设法迅速撤离火灾危险区。在众多人员被大火围困的时候，一个人的正确行为往往能带动许多人的跟随，从而避免一大批人员的伤亡。因此，当突遇火灾时，了解火灾逃生的基本原则，就能在熊熊大火中顺利逃生。火场逃生的基本原则如下。

（1）发生火灾先报警

一旦发生火灾，不能因为惊慌而忘记报警，要立即按警铃或拨打火警电话。牢记火警电话是"119"，报警越及时，对火灾现场情况描述越清楚，损失越小。

（2）保持冷静不惊慌

被大火围困时，千万不要惊慌，必须树立坚定的逃生信念和必胜的信心，决不能采取盲目跳楼等错误行为。要保持冷静的头脑和稳定的心态，设法寻找逃生机会，逃出火场。

（3）择路逃生不盲从

逃生路线的选择要做到心中有数，不能盲目追从别人而慌乱逃生，这样会延误顺利撤离的时间，还容易引起骚乱。逃生时要选择路程最短、障碍最少而又能安全快速抵达安全地点的路线。

（4）逃离险情不恋财

时间就是生命，遇到火灾时，要迅速撤离危险区，不要因贪恋财物而延误逃生时机。

（5）逃生避难看环境

突发火灾逃生困难时，可利用封闭楼梯间、防烟楼梯及阳台等场所临时避难。千万不可滞留走廊、普通楼梯间等烟火极易蔓延而又没有消防设施的区域。

（6）逃离火场防践踏

在逃生过程中，极容易出现聚集、拥挤，甚至相互践踏的现象，造成通道堵塞和不必要的人员伤亡。故在逃生过程中，应遵守秩序，有序逃离。

（7）利用条件找出路

要充分利用楼内各种设施，如防烟楼梯间、封闭楼梯间、连通式阳台、避难层（间）等。这些都是为逃生和安全疏散创造条件、提供帮助的有效设施，应充分加以利用。火场中烟的蔓延方向是上升到建筑楼层的顶部后沿墙下降至地面，最后只在走廊中部剩下一个圆形空间，所以在逃生过程中要弯腰跑，千万不要站立行走。一般烟把整个空间充满是需要一定时间的，要充分利用这个时间逃生。

　　（8）电梯逃生不可行

　　发生火灾后，千万不要乘坐电梯逃生。因为一般电梯不能防烟隔热，加之起火时最容易发生断电，人在电梯内是十分危险的。消防电梯则是供消防救援人员灭火救援使用的，一旦消防救援人员启用消防专用按钮，各楼层的电梯按钮都将同时失效。

（9）逃生过程不乱叫

不要在逃生过程中乱跑乱窜，大喊大叫，这样会消耗大量体力，吸入更多的烟气，还会妨碍正常疏散并引发混乱，造成更大的伤亡。

（10）身上着火不奔跑

身上着火千万不能奔跑，因为跑动时身体周围的氧气流动加快，会使燃烧更加剧烈；也不可将灭火器对准人体喷射，这样可能导致身体感染或中毒；可以就地打滚或用厚重的衣物压灭火焰。

（11）盲目跳楼不可取

高层建筑着火不要轻易跳楼，万不得已的情况下，可在低楼层尝试沿构件滑下，在四层以上跳楼，生还的机会很小，所以发生火灾时不要惊慌失措，盲目跳楼。

（12）披毯裹被冲出去

火势不大时，要当机立断披上浸湿的衣服或裹上湿毛毯、湿被褥，勇敢地冲出去，千万不能披塑料雨衣等易燃物品。

（13）顾全大局互救助

发生火灾时，要自救与互救相结合，当被困人员较多，特别是有老年人、残疾人、妇女、儿童等在场时，要积极主动帮助他们先逃离危险区，有秩序地进行疏散工作。

70. 火灾逃生的方法有哪些？

（1）棉被护身法

将浸湿的棉被（或毛毯、棉大衣）披在身上，确定逃生路线后，用最快的速度冲到安全区域，但千万不可用塑料雨衣等作为保护。

（2）毛巾捂鼻法

火灾烟气具有温度高、毒性大的特点，人员吸入后很容易引起呼吸系统烫伤或中毒。因此，逃生时应用湿毛巾捂住口鼻，以起到降温及过滤的作用。

（3）弯腰前进法

由于火灾发生时烟气大多聚集在空间上部，因此在逃生过程中应尽量弯腰前进。

（4）逆风逃生法

应根据火灾发生时的风向确定疏散方向，迅速逃到火场上风处躲避火焰和烟气，同时也可获得更多的逃生时间。

（5）绳索逃生法

家中有绳索时，可直接将其一端拴在门、窗或固定构件上，沿另一端爬下。在此过程中要注意手脚并用（脚呈绞状夹紧绳索，双手一上一下交替往下爬），并尽量使用手套、毛巾将手保护好，防止顺势滑下时脱手或将手磨破。

（6）床单拧结法

把床单、被罩或窗帘等撕成条并拧成麻花状，如果长度不够，可将数条床单等连接在一起，按绳索逃生的方式沿外墙爬下，但一定要将床单等扎紧扎实，避免其断裂或接头松脱。

（7）管线下滑法

当建筑外墙或阳台边上有落水管、电线杆、避雷针引线等竖直管线时，可借助其下滑至地面，同时应注意一次下滑的人数不宜过多，以防因管线损坏而致人坠落。

（8）竹竿插地法

将结实的竹竿、晾衣竿直接从阳台或窗口斜插到室外地面或下一层平台，两端固定好以后顺竿滑下。

（9）楼梯转移法

当火势自下而上迅速蔓延而将楼梯封死时，住在高层的居民可通过天窗等迅速爬到屋顶，在确保安全的情况下转移到相邻单元或相邻建筑物进行疏散。

（10）攀爬避火法

攀爬至阳台、窗台的外沿及建筑物周围的脚手架、雨棚等突出物，以躲避火势。

（11）搭"桥"过渡法

可在阳台、窗台、屋顶平台处用较坚固的长形物体搭至相邻单元或相邻建筑物，转移到相对安全的区域。

（12）毛毯隔火法

将毛毯等织物钉或夹在门上，并不断往上浇水冷却，以防止外部火焰及烟气侵入，从而抑制火势蔓延速度，争取更多逃生时间。

（13）卫生间避难法

当实在无路可逃时，可利用卫生间进行避难。用毛巾塞紧门缝，把水泼在地上降温，也可躺进放满水的浴缸里。但千万不可在床底、阁楼、衣橱等处避难，因为这些地方可燃物多且容易聚集烟气。

（14）火场求救法

发生火灾时，可在窗口、阳台或屋顶等处向外大声呼叫、敲击金属物品或投掷软质物品，如白天可挥动鲜艳布条，晚上可挥动手电筒或白布引起救援人员的注意。

（15）跳楼求生法

发生火灾时切勿轻易跳楼，在万不得已的情况下，住在低层的居民可采取跳楼的方法进行逃生，但首先要根据周围地形选择落差较小的地块作为着地点，然后将床垫、沙发垫、厚棉被等抛下作缓冲物，并使身体重心尽量放低，做好准备以后再跳。

71. 特殊场所发生火灾时，逃生的注意事项有哪些?

火灾逃生是非常危险和紧急的，而在不同场所发生的火灾，需要注意的事项有相同点，也有不同点。以下将介绍六种不同场所的火灾逃生注意事项。

（1）住宅火灾逃生

家中应常备灭火器、灭火毯等小型消防设备，发生火灾时可及时扑救。若火势难以自行扑救，要迅速逃生，不可贪恋财物，可披上浸湿的衣物、被褥等往外冲；若逃生线路被大火封锁，要立即退回室内，用挥舞衣物、呼叫等方式向窗外发送求救信号，等待救援。

等待救援时，可用浸湿的衣物、被褥等堵塞门窗缝隙，并泼水降温。千万不要盲目跳楼，可利用绳子或将床单、被套撕成条状连成绳索，紧拴在窗框、管道等固定构件上，用毛巾、布条等保护手心，顺绳滑至地面或未着火的楼层脱离险境。

（2）地下建筑火灾逃生

进入地下建筑时，要熟悉疏散通道和安全出口的位置，一旦发生火灾，逃生时不要盲从，要服从工作人员的指挥，迅速撤离险区，到达地面、避难间、防烟室及其他安全区域。

逃生时，尽量压低姿前进，用湿衣物或毛巾捂住口鼻，防止烟雾进入呼吸道。若疏散通道被大火阻断，应保持冷静，想办法延长生存时间，等待消防救援人员前来救援。

（3）地铁火灾逃生

进入地铁站后，要对其内部设施和结构布局进行观察，熟记疏散通道、安全出口的位置。地铁在行进中发生火灾，可通过红色报警按钮第一时间通知地铁工作人员。

如果火势不大，可用附近的灭火器等消防设备进行扑救；若火势较大，失去控制，可引导人群疏散至其他车厢，赢取逃生时间。一旦发生火灾，地铁内排烟系统会自动打开，逃生时，要保持冷静，注意观察，往逆风方向疏散，注意不要拥挤，以防发生踩踏事件。

（4）娱乐场所火灾逃生

进入公共娱乐场所时要留意疏散示意图，了解疏散通道和安全出口的位置。火灾发生时，千万不要慌张，前往距离自己最近的安全出口，或听从场所工作人员的指引离开。逃生时可用湿衣物或毛巾捂住口鼻或佩戴防毒面罩，低姿前行，以减少浓烟对人体的伤害。若出口被堵，身处一层可直接从窗口跳出，二层至三层则可借助管道、绳索等逃生；若身处高层则应选择疏散通道、疏散楼梯、屋顶和阳台逃生。

（5）客船火灾逃生

乘坐客船时，要及时了解救生衣、救生艇、救生筏等救生用具的存放位置，熟悉客船的出入口以及通往甲板的路线。若客船机舱起火，应在工作人员的引导下向客船的前部、尾部和露天甲板疏散；若客船首楼起火，但未蔓延至机舱，应及时采取紧急靠岸、自行搁浅等紧急措施，使船体保持稳定状态，避免火势向后蔓延，同时对人员进行疏散。

若火势失去控制，要及时利用客船内部的梯道、缆绳、救生艇、救生筏等，在最短的时间内逃生。逃生时，要做好防护措施，不要盲目跳水，以免溺水。

（6）公共汽车火灾逃生

公共汽车上起火时，要立即通知驾驶员尽快开启车门，有序下车，并迅速报警，组织人员用车载灭火器灭火，灭火时要有重点地保护驾驶室和油箱等部位。如果火焰封住了车门，乘客可用衣物蒙住头部，从车门冲下。

如果车门无法开启，乘客可使用救生锤敲开窗户，就近从窗口翻下车。若身上衣物着火，要迅速脱下，若来不及脱下可就地打滚，将火压灭。

72. 辅助逃生设施有哪些?

发生火灾时如何逃生是所有建筑物在设计时必须考虑的重要因素。因此，建筑物中需要配备一系列的辅助逃生设施。

（1）避难袋

避难袋的构造有三层：第一层（最外层）由玻璃纤维制成，可耐800 ℃的高温；第二层为弹性制动层，可束缚下滑的人体和控制下滑的速度；第三层（最内层）张力大而柔软，使人体以舒适的速度向下滑降。

避难袋可装在建筑物内部，也可装在建筑物外部。当避难袋装在建筑物内部时，一般设于防火竖井内，打开防火门进入按层分段设置的袋中，即可滑到下层。当避难袋装在建筑物外部时，一般设于低层建筑窗口处的固定设施内，发生火灾后将其取出并向窗外打开，通过避难袋滑到室外地面。

（2）缓降器

缓降器是高层建筑常用的下滑式逃生器具，由于其操作简单，下滑平稳，目前在市场上应用最为广泛。

缓降器由摩擦棒、套筒、自救绳和绳盒组成，并配有安全带、防护手套等，无须其他动力，通过制动机构控制缓降绳索的下降速度，让使用者在保持适当速度的前提下，安全地缓降至地面。有的缓降器用阻燃套袋替代传统的安全带，这种阻燃套袋可以将逃生人员包括头部在内的全身保护起来，以阻挡热辐射，并降低逃生人员下视地面的恐高心理。

缓降器根据自救绳的长度分为3种规格。绳长为 38 m 的缓降器适用于 6～10 层；绳长为 53 m 的缓降器适用于 11～16 层；绳长为 74 m 的缓降器适用于 16～20 层。

使用缓降器时，将自救绳和安全钩牢固地系在建筑物内的固定物上，把垫子放在绳子和建筑结构的接触部位，以防自救绳磨损。逃生人员佩戴好安全带和防护手套后，携带好绳盒或将绳盒抛到楼下，将安全带和缓降器的安全钩挂牢，然后一手握套筒，另一手拉住由缓降器引出的自救绳开始下滑。可用放松或拉紧自救绳的方式控制速度，放松时为正常下滑速度，拉紧时则会减速直到停止。

（3）避难滑梯

避难滑梯是一种非常适合医院病房楼的辅助逃生设施。当发生火灾时，病房楼中的伤病员、孕妇等行动缓慢的人员，可在医护人员的帮助下，由阳台进入避难滑梯，靠重力下滑到室外地面或安全区域。

避难滑梯的滑道为螺旋形，节省占地面积、简便易用、安全可靠、外观别致，能适应各种高度的建筑物，是高层病房楼理想的辅助逃生设施。

（4）室外逃生救援舱

室外逃生救援舱由平时折叠存放在屋顶的一个或多个逃生救援舱和外墙安装的齿轨两部分组成。发生火灾时，专业人员用屋顶安装的绞车将展开后的逃生救援舱引入建筑外墙安装的齿轨，逃生救援舱可以同时与多个楼层走廊的窗口对接，将高层建筑内的被困人员送到地面，在上升时又可将消防救援人员送到建筑内。

室外逃生救援舱比缩放式滑道和缓降器复杂，一次性投资较大，需要由受过专门训练的人员使用和控制，而且需要定期维护、保养和检查，作为其动力的屋顶绞车必须有可靠的动力保障。其优点是每往复运行一次可以运送多人，尤其适合乘坐轮椅等行动不便的人员。

（5）缩放式滑道

缩放式滑道采用耐磨、阻燃的尼龙材料和高强度金属圈骨架制成，平时折叠存放在高层建筑的顶层或其他楼层，火灾时可展开至地面，并将末端固定在地面事先设置的锚固点上，被困人员依次进入后，滑降到地面。

73.　住宅建筑发生火灾如何应对？

（1）高层建筑火灾

高层建筑火灾相比其他火灾更具危险性和致命性，有火势蔓延快、疏散困难、扑救难度大三个特点。因为高层建筑本身楼层高，而且建筑体积大，故而人流量普遍非常大，其功能结构分区也非常繁杂，因而逃生路线较复杂且逃生过程充满未知性，一旦发生火灾事故，扑救和疏散人群都十分困难，往往会造成很大的损失。

高层建筑火灾是所有火灾中最危险和逃生难度最大的类型之一，在火势具有一定规模后，依靠自身力量进行逃生具有很高的风险，因此应对方式往往侧重于寻找安全空间、向外界呼救和等待救援。一旦发生高层建筑火灾且火势已经失控，应该按照以下措施进行应对。

1）开门逃生前触摸一下门把手，若门把手温度过高或门缝有烟流入，则不要贸然开门。有的高层入户门是防火门，可在一定时间内阻隔火灾和有毒烟气，应关闭好所有防火门以保证烟气不进入房间内；如果入户门不是防火门，则要把楼道的所有防火门关严，回到较安全的房间内，使用湿棉被、毛巾等将门缝塞紧，向外界求救，等待救援。

2）若所在楼层为失火楼层或在失火楼层以下，则应往下疏散逃生，尽量不要待在房间内，以防火势蔓延或遭遇爆炸。若所在楼层在失火楼层以上且楼层较高，楼梯间无太多烟雾时，可选择向上逃生，通过屋顶平台到相邻未起火单元的疏散楼梯逃生。

3）居住的楼层较高的情况下，不能盲目跳楼跳窗，要向外发出求救信号，可以在窗台挥舞颜色鲜艳的衣物或抛一些衣物、沙发垫、枕头等柔软物体，夜间可以打开手电，使下面的人能够知道有人呼救。位于五层以下，且无法通过楼梯逃生时，可选择用床单、窗帘等打结成绳的方式逃生，绳结一定要固定在牢靠的物体上。

（2）单元式住宅火灾

由于单元式住宅通常由多个独立的住房单元组成，火灾可能在一个单元内爆发，然后迅速蔓延到相邻的单元，这种迅速的蔓延增加了扑救的紧迫性和难度。单元式住宅通常拥有共享的空间，如楼梯间、电梯间和楼道等，火势可能通过这些共享空间快速传播。此外，住户的集中居住使疏散变得更加复杂，可能涉及多个家庭的大量的居民。

因此，单元式住宅火灾的逃生要点在于迅速发现火情和果断行动，同时需要注意人流复杂的特点，根据实际情况灵活多变地选择正确的逃生方法。一旦发生单元式住宅火灾，可以采取以下方法逃生。

1）利用阳台逃生。火势较大无法冲出火场时，可利用阳台逃生。大多数高层单元住宅建筑从第七层开始，每层相邻单元的阳台相互连通，可拆破阳台的分隔物，从阳台进入另一单元，再进入疏散通道逃生。建筑中无连通阳台但阳台相距较近时，可将室内的床板或门板置于阳台之间搭桥通过。如果楼道已被浓烟充满无法通过时，可紧闭与阳台相通的门窗，站在阳台上避难并向外界求救。

2）利用室内空间逃生。单元式住宅大多为二级或一级防火建筑，耐火极限为 2～2.5 h，只要不是建筑整体受火势的威胁，局部火势一般很难致使建筑倒塌。若火势已将逃生通道封锁，但室内空间较大而火势未对建筑结构产生破坏时，可利用室内空间逃生。具体做法是：选择室内有水源的房间（卫生间、厨房均可），将其中的可燃物清除干净，同时清除相邻房间内的部分可燃物，消除明火对门窗的威胁，然后紧闭与燃烧区相通的门窗，防止烟和有毒气体进入，等待火势熄灭或消防救援人员的救援。

3）利用管道逃生。房间外墙壁上有落水或供水管道时，有能力的人，可以利用管道逃生。但这种方法一般不适用于妇女、老人和儿童等。

74. 人员密集公共场所发生火灾如何逃生？

人员密集公共场所通常是指宾馆、影剧院、超市、大型商场等大量人员聚集的场所。人员密集公共场所内一般有大量可燃材料，一旦发生火灾，火势会快速蔓延，而且会产生大量有毒烟气。此外，这类场所一般大型电气设备多，再加上人流量较大，发生火灾时，火势不易控制，人员也不易疏散，容易发生较大的伤亡事故。

相比其他火灾，人员密集公共场所火灾现场往往更加混乱，容易出现由于人员密集而导致的事故（如踩踏事故），因此尤其需要注意以下两点。

（1）保持逃生秩序

如果有工作人员进行指挥，应迅速而冷静地遵循指挥。他们一般接受过专业培训，知道如何有效、安全地组织撤离。另外，应沿着指定的逃生路线前进，尽量避免拥挤的区域。在拥挤的情况下，不要推搡或争抢，以免使场面更加混乱，进而造成更多伤害，要有序地移动，保持一定的间隔。同时要注意尽量避免大喊大叫，以免引起混乱，要冷静、有序地传递信息。

（2）注意并遵循疏散提示标志

在人员密集的公共场所，通常会有一些疏散的提示标志，这些标志对于指引人们快速、有序地撤离非常重要，一旦看到疏散提示标志，不要犹豫，立即沿着指定的路线撤离。同时要注意不要遮挡或损坏疏散提示标志，确保它们对其他人可见。另外，如果有紧急广播系统，留意其中有关火灾状况和安全逃生的关键信息，并遵循其指挥。

75. 危险化学品厂房发生火灾如何逃生？

危险化学品厂房是火灾危险性极高的场所，由于化学反应会产生高温、高压和有毒有害气体等，一旦发生火灾，在没有及时有效应对的情况下，会对人员安全造成巨大危害。因此，掌握危险化学品厂房火灾的逃生方法是每位从事相关工作的人员的必修课程。

危险化学品厂房火灾除了具有火灾本身的危险性，往往还存在危险有害物质泄漏的风险，因此在逃生时需要同时合理应对这两种危险情况，这就决定了危险化学品厂房火灾中更要留意火灾信息和个人防护。危险化学品厂房发生火灾后，逃生方法如下。

（1）及时掌握信息并报警

一旦发现火灾，立即拨打火警电话并告知准确的位置和失火厂房内的危险化学品主要类型等。厂房内部常配备许多自动报警装置，日常工作中，需要加强对相关工作人员的培训，使其了解这些装置的使用和维护方法。发生火灾后，若自动报警装置失效，相关工作人员要及时通过手机及其他通信设备报警，并第一时间通知有关负责人。

（2）保持冷静，迅速撤离

危险化学品厂房一旦发生火灾，会产生大量有毒烟气，极易引起中毒，被困人员需要对这些可能出现的危险物质的理化性质（如密度、是否可溶于水等）作出判断并采取相应措施。在撤离过程中，一定要保持冷静、不要慌乱，应根据所处位置来选择最近和最安全的安全通道，然后快速向安全通道方向移动。

（3）远离危险区域和火源

危险化学品厂房发生火灾时，由于可能导致危险气体泄漏或危险化学品受热气化，其危险区域往往比失火区域更大。如果已经确认火源所在区域，应尽量远离，不要接近，防止因进入危险区域而造成伤亡。

（4）做好个人防护

如果有适当的劳动防护用品（如呼吸器、防护服等），应及时佩戴以减少危险化学品泄漏造成的影响。如果情况紧急，来不及佩戴防护用品，则应该使用湿毛巾捂住口鼻，降低吸入有毒气体的风险。

八、火灾应急处置与救援

76. 火灾发生后，应急处置的原则有哪些?

火灾是一种常见而且非常危险的事故，如果处理不当，就会造成人员伤亡和财产损失。因此，为了应对突发火灾，制定一套科学和规范的火灾应急处置原则至关重要。

（1）快速反应原则

在应急响应的过程中，必须做到快速反应，努力以最短的时间到达现场，控制情况，减少损失，以最高的效率和最快的速度拯救受害者，并为尽快恢复正常的工作秩序、生活秩序和社会秩序创造条件。

（2）救助原则

大量灾难性事故案例的研究表明，事故的严重后果很大程度上是反应不及时，造成受害者无法得到有效的救助导致的。事故现场应急处置的首要目标是人员的安全，救助原则与快速反应原则的本质要求都是减少人员的伤亡。

（3）疏散原则

在大多数事故现场应急处置的控制与安排中，把处于危险境地的受害者尽快疏散到安全地带，避免出现更大伤亡的灾难性后果，是一项极其重要的工作。在很多伤亡惨重的灾难性事故中，没有及时进行安全疏散是造成大规模伤害的主要原因。无论是自然灾害还是人为的事故，在决定是否疏散人员的过程中，需要考虑的因素一般有以下三点。

1）是否可能会对群众的生命和健康造成危害，特别是要考虑是否存在潜在的危险性。

2）事故的危害范围是否会扩大或者蔓延。

3）是否会对环境造成破坏性的影响。

（4）保护现场原则

根据应急处置的一般程序，在应急处置工作结束后，或在应急处置过程中的适当时间，就需要开展调查工作，分析事故的原因和性质，发现、收集相关证据，并对事故的责任人员进行调查。在应急处置过程中，特别是在安排现场处置时，必须考虑对现场的有效保护，以便开展调查工作。

（5）保障应急处置人员安全的原则

为了保障应急处置人员的安全，必须配备足够的劳动防护用品，现场的应急指挥人员在指导思想上也应当充分地权衡各种利弊，使现场应急处置的决策更科学，避免付出不必要的牺牲和代价。

77. 火灾现场急救的基本步骤有哪些？

火灾事故具有传播速度快，破坏力强，影响范围广等特点。如果不能及时救护伤员，火灾的后果将会更加严重。因此，有效和及时的现场急救是至关重要的。火灾现场急救的基本步骤具体如下。

（1）拨打急救电话

火灾事故发生后，应立即拨打急救电话或向附近担负院外急救任务的医疗部门、社区卫生单位报告，急救电话为"120"。

（2）判断危重伤

在现场巡视后，对伤员进行最初评估，尤其是在情况复杂的现场，救护人员需要首先确认并立即处理威胁生命的情况，检查伤员的意识、呼吸、循环体征等。

（3）救护

事故现场一般都很混乱，因而组织指挥十分重要，应快速组建临时现场救护小组，统一指挥，加强事故现场一线救护，这是保障后续抢救成功的关键措施之一。要善于利用先进的科技手段，体现"立体救护、快速反应"的救护原则，提高救护的成功率。

78. 火灾现场急救的原则有哪些？

现场急救的总任务是采取及时有效的抢救措施，尽量减少伤者的疼痛，降低致残率、死亡率，为医院抢救奠定良好的基础。现场急救应遵循以下原则。

（1）先复后固的原则

遇到心搏、呼吸骤停同时伴有骨折者，应进行口对口人工呼吸和胸外心脏按压使心、肺、脑复苏，直至心搏、呼吸恢复后，再进行骨折固定。

（2）先止后包的原则

遇到严重出血时，首先立即用指压、止血带或药物等方法止血，接着再消毒，并对创口进行包扎。

（3）先重后轻的原则

同时遇有危重者和轻伤者时，应优先抢救危重者，后抢救轻伤者。

（4）先救后运的原则

发现伤员时，应先救后运，在运送伤员到医院的途中，不要停止抢救，继续观察伤情变化，减少颠簸，注意保暖，平安抵达最近的医院。

（5）急救与呼救并重的原则

在伤员较多且现场还有其他人员参与急救时，要紧张而镇定地分工合作，急救与呼救可同时进行，尽快争取到帮助。

79. 烧伤的急救方法有哪些?

（1）热力烧伤的现场急救

热力烧伤一般包括热水、热液、蒸汽、火焰和热固体以及热辐射所造成的烧伤。

有效的措施是立即去除致伤因素并给予降温。针对热液烫伤，应立即脱去被浸湿的衣物，避免高温持续对人体造成伤害并尽快用凉水冲洗或浸泡，使创面冷却，减轻疼痛并降低损伤程度。身上着火时切忌奔跑呼喊、以手扑火，以免加快火焰燃烧而引起头面部、呼吸道和手部烧伤，应就地滚动或用棉被、毯子等覆盖着火部位。

去除致伤因素后，应进行冷疗，冷疗需在伤后 30 min 内进行，否则无效。冷疗的具体方法是将创面浸入温度为 15 ~ 20 ℃的冷水中或用冷水持续冲洗创面，也可用纱布或毛巾浸冷水后敷于创面，持续 30 ~ 60 min 或更长时间，直到停止冷疗后创面不再感觉疼痛。冷水冲洗时，水流与时间应结合季节、室温、烧伤面积、伤员体质而定，气温低、烧伤面积大及年老体弱者不能耐受较大范围的冷水冲洗。创面可用无菌敷料覆盖，没有条件的可用清洁布单或被子覆盖，尽量避免与外界直接接触，尽快送医院进一步救治。

（2）电烧伤的现场急救

发生电烧伤时，首先要用木棒或橡胶手套等绝缘物切断电源，若伤员出现心搏骤停，应立即对其进行口对口人工呼吸和胸外心脏按压，不要轻易放弃。对于烧伤创面，可用清洁衣物包裹，并尽快送往医院。

（3）烧伤伴合并伤的现场急救

火灾现场造成的损伤往往不止一种，除了烧伤外，煤气、油料爆炸可造成爆震伤，房屋倒塌可造成挤压伤，另外还可造成颅脑损伤、骨折、内脏损伤、大出血等。当这些损伤和烧伤同时出现时，应优先对危及伤员生命的合并伤给予处理，如活动性出血应给予压迫或包扎止血，开放性损伤争取灭菌包扎保护，合并颅脑、脊柱损伤者应注意小心搬动，合并骨折者给予简单固定等。

80. 吸入性损伤的急救方法有哪些？

吸入性损伤是指热空气、蒸气、烟雾、有害气体、挥发性化学物质等致伤因素，被人体吸入所造成的呼吸道和肺部的实质性损伤，以及毒性气体和物质被吸入后引起的全身性化学中毒。

吸入性损伤主要可分为以下三种。一是热损伤，指吸入的干热或湿热空气直接造成的呼吸道黏膜和肺部的实质性损伤。二是窒息，主要因缺氧或吸入窒息性气体引起，是火灾中常见的死亡原因。一方面，在燃烧过程中，尤其是在密闭环境中，大量的氧气被急剧消耗，二氧化碳的浓度不断升高，可使伤员窒息；另一方面，含碳物质不完全燃烧可产生一氧化碳，一些物质高温分解可产生氰化氢，两者均为强窒息性气体，被人体吸入后可引起氧代谢受抑制导致窒息。三是化学损伤，火灾烟雾中含有大量的粉尘颗粒和各种化学物质，这些有害物质可通过局部刺激或吸收引起呼吸道黏膜的直接损伤和全身中毒反应。

发生吸入性损伤后，应迅速使伤员脱离火灾现场，将其置于通风良好的地方，清除口鼻分泌物和炭粒，保持呼吸道通畅，有条件者给予导管吸氧。要迅速判断伤员是否有窒息性气体（如一氧化碳、氰化氢）中毒的可能性，及时将其送往医院进行进一步处理，途中要严密观察，防止因窒息而死亡。

81. 急性中毒的急救方法有哪些？

急性中毒是指由于一次性或短时间内暴露于某种有毒物质而导致的身体损伤或疾病。这种暴露可能是通过吸入、摄入、皮肤接触等方式发生的。急性中毒的特点是发病快，通常在接触毒物后几分钟到几小时内就会出现明显的症状。症状的严重程度取决于毒物的种类、暴露的量、暴露的时间，以及个体的健康状况和敏感性。急性中毒可能表现出各种症状，包括但不限于呼吸困难、头痛、恶心、呕吐、意识丧失、抽搐甚至死亡。及时地识别和适当的医疗干预对于治疗和恢复急性中毒的伤害至关重要。具体的现场处理方法如下。

（1）切断毒源，包括关闭阀门，加盲板、停车、停止送气、堵塞"跑、冒、滴、漏"，使毒物不再继续扩散和侵入人体。逸散的毒气应尽快采取抽毒、排毒、引风吹散或中和等办法处理。如氯气泄漏可用废氨水喷雾中和，反应生成氯化铵。

（2）搞清毒物种类、性质，采取相应的保护措施。既要抢救别人，又要保护自己，莽撞地闯入中毒现场只能造成更大伤亡。

（3）尽快使中毒者脱离中毒现场，松开其领扣、腰带，使其呼吸新鲜空气。如果衣物被毒物污染，迅速脱掉被污染的衣物，用清水冲洗皮肤 15 min 以上，或用温水、肥皂水清洗，同时注意保暖。有条件的厂矿卫生所，应立即针对毒物性质给予解毒，使进入体内的毒物尽快排出。

（4）发现呼吸困难或停止时，进行人工呼吸（氰化物等剧毒物质中毒，禁止口对口人工呼吸）。有条件的立即吸氧或加压给氧，针刺人中、百会、十宣等穴位，注射呼吸兴奋剂。心搏骤停者，立即进行胸外心脏按压。

（5）发生 3 人以上的多人中毒事故，抢救时要注意分类，原则为先重者后轻者，同时要注意现场的指挥，防止乱作一团。对危重者尽快地转送医疗机构进行急救，在转运途中注意观察患者的呼吸、脉搏等变化，并重点且全面地向医生介绍中毒现场的情况，以便医生准确无误地制定急救方案。

82.　心肺复苏法的实施要领和注意事项有哪些？

心肺复苏是一种紧急救援技术，主要用于在心搏骤停或呼吸停止的情况下恢复患者的血液循环和呼吸功能。有条件的还可使用自动体外除颤器进行心肺复苏，自动体外除颤器是一种可以自动诊断心律失常并在必要时提供适量电击，以帮助恢复正常心律的设备。心肺复苏是一项可以由经过一定培训的非专业人员在救护车到达之前实施的救命技能，通过在患者的胸骨上施加有节奏的按压，模拟心脏的泵血功能，保持血液流动，以供应身体的关键器官。适当且及时实施心肺复苏可以显著提高心搏骤停者的生存率。

心肺复苏包括两个基本方法：胸外心脏按压和人工呼吸。

（1）胸外心脏按压

准备阶段：首先要进行的是现场安全评估，胸外心脏按压必须在安全的环境下进行，避免在施救过程中遇到突发危险。紧接着，检查患者的意识，并迅速进行呼救。随后，让患者平稳地仰卧在坚硬、平整的地面上，为有效的胸外心脏按压创造条件。在此环节中，施救者的位置也至关重要，施救者需坐或跪在患者胸侧，以准确寻找按压的最佳位置，即患者胸骨下 1/3 的部位（把中指尖放在其颈部凹陷的下边缘，手掌的根部就是正确的压点）。

施救阶段：正确的手部姿势是将一只手掌放在胸骨中部，另一只手掌叠加在上面，保持双臂伸直并确保按压力度能够垂直向下传递。对于成年人而言，按压的频率和深度应控制在每分钟 100～120 次，深度为 5～6 cm。每次按压后，应确保胸部能完全回弹，以便心脏充入足够的血液。在整个过程中，除非进行其他必要的操作（比如人工呼吸或使用自动体外除颤器），应持续并坚定地进行胸外心脏按压，避免按压的中断，直到专业医护人员接管或患者出现生命体征，如开始自主呼吸或出现有意识的动作。每一次精确而有力的按压，都是在拯救患者的生命，因此掌握这项技能的正确实施方法是至关重要的。

（2）人工呼吸

1）口对口呼吸。准备阶段：将患者置于仰卧位，施救者站在患者右侧，将患者颈部伸直，右手向上托患者的下颌，使患者的头部后仰。这样，患者的气管能充分伸直，有利于人工呼吸。随后要清理患者口腔，包括痰液、呕吐物及异物等，并用身边现有的清洁布质材料，如手绢、小毛巾等盖在患者嘴上，防止传染病。

施救阶段：左手捏住患者鼻孔（防止漏气），右手轻压患者下颌，把口腔打开。施救者自己先深吸一口气，用自己的口唇把患者的口唇包住，向患者嘴里吹气。吹气要均匀，要长一点（像平时长出一口气一样），但不要用力过猛。吹气的同时用余光观察患者的胸部，如看到患者的胸部膨起，表明气体吹进了患者的肺部，吹气的力度合适。如果看不到患者胸部膨起，则说明吹气力度不够，应适当加强。吹气后待患者膨起的胸部自然回落后，再深吸一口气重复吹气，反复进行。

2）使用呼吸面罩。准备阶段：确保周围环境安全，并佩戴手套以保护自己和患者。使患者平躺于硬质平面上，采用头部后仰和提升下颌的方式来开放呼吸道。在使用呼吸面罩之前，需确认其清洁且无损坏，随后正确握持面罩，将其圆形部分覆盖住患者的口鼻，确保形成密封。

施救阶段：在进行人工呼吸时，站在患者头部侧，深吸一口气后坚定而平缓地向面罩吹气，每次吹气约 1 秒，观察患者胸部膨起情况。在整个过程中，持续观察患者状态，根据需要调整吹气的力度。人工呼吸应持续进行，直到患者恢复自主呼吸或专业医护人员接手。使用后，应清洁并消毒面罩。此种方法大大减少了直接口对口接触的风险，但进行前最好接受专业的急救培训。

83. 现场救援中，常用止血法有哪些？

止血法是急救中非常重要的一部分，指的是在急救和医疗救治中用于控制出血的各种技术和措施。其重要性在于，及时有效的止血可以减少伤者的血液流失，防止因大量出血导致的休克或其他严重并发症，为伤者争取到达医院和获得专业医疗救治的宝贵时间。正确的止血法不仅可以挽救生命，还可以减少伤口感染的风险，保证伤口的良好愈合。在现场救援中，常用的止血法主要包括以下五种。

（1）直接压迫法

这是最常见和最直接的止血法。使用干净的布料或敷料直接对伤口施加压力，以减缓或停止出血。对于较小的切口或擦伤，这种方法通常很有效。

（2）压迫包扎法

如果直接压迫不足以停止出血，可以使用绷带进行压迫包扎。在伤口上放置一个压迫垫（如纱布或清洁布），然后用绷带紧紧包扎，以施加持续的压力。

（3）提高受伤部位

将受伤部位抬至心脏以上的高度，可以减少流向该部位的血液，从而减缓出血。

（4）使用止血带

在极端情况下，如严重的肢体出血，可能需要使用止血带。将止血带绑在受伤部位的近心端（靠近心脏一侧），并紧紧地绑扎，以暂时阻断血液流动。使用止血带需要特别小心，使用不当可能导致组织损伤或引起其他并发症。

（5）指压法

对于某些特定部位的出血，如颈部或四肢的动脉出血，可以使用指压法。用手指压在出血动脉的近心端，直到获得专业医疗援助。

这些方法应根据具体情况和伤口类型谨慎选择。在进行止血时，最重要的是保持冷静，并尽快寻求专业医疗援助。同时，使用的材料也应尽可能清洁，以避免感染。

84. 现场救援中，常用包扎法有哪些？

在现场救援中，包扎的主要目的是保护伤口、防止污染、控制出血，以及固定受伤部位。正确的包扎不仅有助于加速伤口愈合，还能减轻疼痛和避免进一步的伤害。常用的包扎法主要包括以下两种。

（1）绷带包扎法

绷带包扎法分为环形包扎法、螺旋包扎法、螺旋反折包扎法、"8"字形包扎法和头顶双绷带包扎法等。包扎时要掌握好"三点一走行"，即绷带的起点、止血点、着力点（多在伤处）和走行方向，做到既牢固又不能太紧。应先在伤处覆盖无菌纱布，然后从伤处下侧向上缠绕。包扎伤臂或伤腿时，要设法暴露手指尖或脚趾尖，以便观察血液循环。绷带用于胸、腹、臀、会阴等部位效果不好，容易滑脱，所以一般用于四肢和头部的包扎。

1）环形包扎法。将绷带放在需要包扎位置稍上方，第一圈稍斜缠绕，第二、第三圈环形缠绕，并将第一圈斜出的旗角压住，然后重复缠绕，最后在绷带尾端撕开，打结固定或用别针、胶布将尾部固定。

2）螺旋包扎法。先环形包扎数圈，然后将绷带渐渐地斜旋上升缠绕，每圈盖过前圈的 1/3 至 2/3，呈螺旋状。

3）螺旋反折包扎法。先环形包扎两圈，再做螺旋形包扎，待到渐粗处，一手拇指按住绷带上面，另一手将绷带自此点反折向下，此时绷带上缘变成下缘，每包扎一圈反折一次，后圈覆盖前圈 1/3 至 2/3。此法主要用于粗细不等的四肢，如前臂、小腿或大腿等的包扎。

4）"8"字形包扎法。此方法适用于四肢各关节处的包扎。于关节上下将绷带一圈向上、一圈向下做"8"字形来回缠绕。

5）头顶双绷带包扎法。将两条绷带连在一起，打结处放在头后部，分别经耳上向前，于额部中央交叉，第一条绷带经头顶到枕部，第二条绷带反折绕回到枕部，并压住第一条绷带，然后第一条绷带再从枕部经头顶到额部，第二条则从枕部绕到额部，如此反复。

（2）三角巾包扎法

1）头面部包扎法。三角巾的头面部包扎法种类较多，主要有三角巾风帽式包扎法、三角巾帽式包扎法、三角巾面具式包扎法、单眼三角巾包扎法、双眼三角巾包扎法，以及下颌、耳部、前额或颞部小范围伤口三角巾包扎法。

2）胸背部包扎法。三角巾底边向下，绕过胸部后在背后打结，其顶角放在伤侧肩上，系带穿过三角巾底边并打结固定。如为背部受伤，包扎方向相同，只要改为在胸前打结即可。若为锁骨骨折，则用两条带形三角巾分别包绕两个肩关节，在背后打结固定，再将三角巾的底角向背后拉紧，在两肩适当后张的情况下在背部打结。

3）上肢包扎法。先将三角巾平铺于胸前，顶角对着肘关节稍外侧，与肘部平行，屈曲伤肢，并压住三角巾，然后将三角巾下端提起，两端绕到颈后打结，顶角反折用别针扣住。

4）肩部包扎法。先将三角巾放在伤侧肩上，顶角朝下，两底角拉至对侧腋下打结，然后一手持三角巾底边中点，另一手持顶角将三角巾提起拉紧，再将三角巾底边中点由前向下、向肩后包绕，最后顶角与三角巾底边中点于腋窝处打结固定。

5）残肢包扎法。残肢先用无菌纱布包裹，将三角巾铺平，残肢放在三角巾上，使其对着顶角，并将顶角反折覆盖残肢，再将三角巾底角交叉，绕肢打结。在进行包扎时，应确保包扎材料干净，并注意不要过紧，以避免影响血液循环或加重伤害。包扎后应密切观察受伤部位的情况，如出现麻木、发冷、发紫等症状，应及时调整并迅速送往医院。

85. 现场救援中，骨折固定法有哪些？

在现场救援中，运用正确的骨折固定法可以有效减少伤者的疼痛，防止进一步的伤害，并为伤者转移至医院提供条件。以下是常用的骨折固定法。

（1）夹板固定法

使用夹板固定是处理骨折最常见的方法。夹板可以是专业的医疗用品，也可以是临时的，如木板、杂志、塑料板等。将夹板放置在伤肢的两侧，确保覆盖伤处以上和以下的关节，然后用绷带或布条将其固定。其间需确保夹板不会对伤口或肢体末端造成压迫，影响血液循环。

（2）三角巾固定法

对于手臂骨折，可以使用三角巾来制作吊带，支撑受伤的手臂。制作方法为：将三角巾的一角固定在颈后，另两端固定在肘部或手腕处。

（3）绷带或布条固定法

在没有夹板可用的情况下，可以使用绷带或布条将受伤部位固定于身体的另一个部位，如将手臂固定于身体侧面。

（4）自我固定法

在某些情况下，如果没有合适的固定材料，可以让伤者的身体部位自然地靠在一起，或使用健康的肢体来支撑受伤的肢体。

（5）牵引固定法

牵引固定法主要用于股骨骨折，通过牵引保持断骨的正确位置。这种方法通常需要专业的医疗设备和技术，因此在现场救援中较少使用。

86．现场救援中，骨折固定的注意事项有哪些？

在进行骨折固定时，需要遵守以下注意事项，以确保伤者的安全并防止进一步的伤害。

（1）避免不必要的移动

在固定之前，尽量减少对伤者的移动，特别是不要移动伤处，以防止断骨进一步错位或损伤周围组织。

（2）正确使用固定材料

选择合适的固定材料，如夹板或绷带，并正确应用。确保固定物覆盖伤处上下两个关节，同时避免施加直接压力到骨折处。

（3）保持血液循环

在固定过程中应特别注意不要使绷带或固定物过紧，以防止血液循环受影响。固定后要检查受伤肢体末端的血液循环状况。

（4）避免自行矫正

非专业人员不应尝试重新定位或矫正错位的骨头，错误的操作可能导致更严重的伤害。

（5）及时寻求专业医疗援助

完成初步固定后，应尽快联系专业医护人员或将伤者转移至医院，接受专业的医疗处理。

87．现场救援中，搬运的正确方法有哪些？

搬运是现场救援的基本措施之一，在危险环境下将伤者快速转移不仅便于医疗处理，还可以防止伤者被二次伤害。以下是一些常用的搬运伤员的方法。

（1）单人搬运

1）扶行法。对于没有骨折，伤势不重，能自己行走的伤者，救护者可站在其身旁，将其一侧上肢绕过救护者颈部，用手抓住伤者的手，另一只手绕到伤者背后，搀扶行走。

2）背负法。适用于体轻、清醒，但自己行走不便的伤者。救护者朝向伤者蹲下，让伤者将双臂从救护者肩上伸到胸前，两手紧握。救护者抓住伤者的大腿，慢慢站起来。但要注意，如有上肢、下肢、脊柱骨折，则不能用此法。

3）抱持法。适用于年幼、体轻的伤者。在伤者没有骨折且伤势不重时，抱持法是短距离搬运的最佳方法。救护者蹲在伤者的一侧，面向伤者，一只手放在伤者的大腿下，另一只手绕到伤者的背后，然后将其轻轻抱起。但要注意，如有脊柱或大腿骨折，则不能用此法。

（2）双人搬运

1）轿杠式。适用于清醒的伤者。两名救护者面对面各自用右手握住自己的左手腕，再用左手握住对方右手腕，然后蹲下让伤者将两上肢分别放到两名救护者的颈后，再坐到相互握紧的手上。两名救护者同时站起，行走时要保持步调一致。

2）双人拉车式。适用于在狭窄的地方搬运意识不清的伤者。两名救护者，一人站在伤者背后，将两手从伤者腋下插入，将伤者两前臂交叉于胸前，再抓住伤者的手腕，把伤者抱在怀里，另一人反身站在伤者两腿中间，将伤者两腿抬起，两名救护者一前一后地行走。

（3）多人搬运

1）三人异侧搬运。两名救护者站在伤者的一侧，分别托住伤者的肩部、腰部、臀部、膝部，第三名救护者可站在对面，两臂伸向伤者臀下，握住对侧救护者的手腕，然后三名救护者同时抬起伤者，步调一致地进行搬运。

2）四人异侧搬运。三名救护者站在伤者的一侧，分别用双手托住伤者的头部、腰部、膝部，第四名救护者位于伤者的另一侧，托住伤者的腰部，然后四名救护者同时抬起伤者，步调一致地进行搬运。

在进行搬运时，应根据伤者的具体伤势和现场条件选择最合适的方法。始终要注意保护伤者的头部和脊柱，尽量减少颠簸，以防止伤势加重。同时，救护者也需要注意自己的安全，避免在搬运过程中受伤。

88. 现场救援中，搬运的注意事项有哪些？

在搬运时，不可盲目行动，需注意以下事项。

（1）安全评估与急救处理

首先评估现场环境是否安全，确定搬运是否必要。对伤者实施基本急救措施，如止血、保持呼吸道畅通等，确保在伤者伤势稳定的情况下进行搬运。

（2）保护伤者的头部和脊柱

对于可能有头部、颈部或背部伤害的伤者，尽量减少其头部和脊柱的移动，避免造成更严重的伤害。

（3）选择适当的搬运方法

根据伤者的具体情况和现场条件，选择合适的搬运方法，如使用担架、毯子或椅子搬运，要确保搬运方法既安全又有效。

（4）避免二次伤害

在搬运过程中，要小心谨慎，避免造成二次伤害，特别是避免向骨折部位施加压力。

（5）持续观察与沟通

在搬运过程中，持续观察伤者的生命体征，保持与伤者的沟通，确保其意识清醒且舒适。尽可能寻求他人的帮助以进行更安全的搬运。

九、灾后管理与应急培训

89．发生火灾后，各相关部门和人员如何应对？

火灾发生后，各部门之间的协同配合在有效控制火情、救援被困人员、减少财产损失和保障公众安全等方面发挥着巨大作用。这种全方位的协同配合不仅能够有效地应对紧急情况，还能在事后为受影响的个人和社区提供必要的支持和援助，是确保火灾应对工作顺利进行的关键。

（1）现场人员

火灾发生时，现场人员应迅速作出反应。首先，应立即拨打火警电话报告火情，如果条件允许，可以在确保安全的前提下尝试使用灭火器等设备扑灭初期火灾。如果火势无法控制，应迅速且有序地撤离现场，优先使用安全出口，禁止使用电梯。同时，应在保证自身安全的前提下，帮助老弱病残等需要帮助的人员安全撤离。

（2）消防救援机构

消防救援机构在接到火灾报警后，需迅速响应并派遣消防车和消防救援人员赶往现场。到达现场后，应快速评估火情和潜在危险，采取有效的灭火措施，如使用水枪和泡沫等进行灭火。同时，消防救援人员还要负责组织搜救行动，救助被困或受伤的人员，并提供必要的急救服务。火灾得到控制后，消防救援机构还应负责调查火灾原因，采集相关证据，以确定火灾的起因。

（3）医疗部门

接到火灾通报，医疗部门应立即派遣救护车和医护人员前往现场。医疗部门的主要任务是为受伤人员提供紧急医疗救助，处理烧伤、吸入性损伤等,并将重伤者或需要进一步治疗的人员迅速转运至医院。

（4）公安部门

公安部门在火灾现场的主要任务是维护秩序,指导交通,确保救援车辆能够快速抵达和顺利撤离。

90．发生火灾后,对灾后建筑物如何处置?

发生火灾后应及时对灾后建筑物进行正确的处置,这对于灾后安全保障,以及事故调查、灾后重建等都具有重要意义。

（1）清理和保护现场

在火灾扑灭后,应立即进行现场清理,同时,也要尽量保护好现场的证据和线索,以便查明火灾原因。

（2）结构评估和检测

在火灾后,应对建筑物进行结构评估和检测,以确定建筑物的损坏程度,判断是否需要修复或重建。如果建筑物存在严重的结构损坏或安全隐患,应立即采取措施进行加固或拆除。

（3）修复和重建

如果建筑物存在可修复的损伤,应立即进行修复工作。如果建筑物已经无法修复,应考虑拆除并重新建设。在修复或重建过程中,应采取必要的措施防止再次发生火灾或其他次生灾害。

91．火灾事故调查报告应该包括哪些内容?

火灾事故调查报告应该包括以下内容。

（1）火灾事故基本信息

火灾事故的基本信息是火灾事故调查报告的必备内容。主要包括火灾发生时间、地点、火灾起因、火势扩散情况、救援情况、人员伤亡情况、财产损失,以及火灾事故现场照片等。

这些基本信息是火灾事故调查报告的核心，也是相关部门进行火灾事故分析和研究的重要依据。在火灾事故调查报告中，应当提供尽可能详细的基本信息，以便于相关部门能够正确地判断火灾事故的性质、规模和危害程度，从而采取针对性的措施，避免同类火灾事故重复发生。

（2）火灾事故的原因

火灾事故的原因是火灾事故调查报告的核心内容之一。查明事故原因有助于防止类似火灾事故再次发生，提高火灾事故的预测能力，以保障社会公共安全并使公共利益最大化。火灾事故的原因可以从多个方面进行分析，如建筑结构、用火用电安全、消防设施与器材等。对火灾事故原因进行深入研究，有助于受灾建筑物和设施的修缮，提高人们的消防安全意识和技能，进一步降低火灾事故的发生概率。

（3）火灾应对措施及成效

火灾事故的应对措施及成效也是火灾事故调查报告的重要组成部分。在火灾事故调查报告中，应当对火灾事故的应对措施和成效进行总结和评估，分析出现的问题和不足，以期在未来的工作中得到改进。

（4）火灾责任的调查处理

作为一项公共安全事项，火灾事故的问责制度也必不可少。对于火灾事故中存在的问题和不足，必须进行监管和惩处，以达到惩戒的作用。在火灾事故调查报告中，应当详细记录涉及的工作人员和机构名称，并对他们的工作作出客观评价和具体建议，促使涉事人员及时改进消防安全工作，对涉嫌违法的，要依法进行处理。

92. 火灾应急培训的内容有哪些？

火灾应急培训至关重要。培训能使员工了解火灾应对流程，熟悉消防设备的使用，并掌握逃生技能，提高应对紧急情况的能力。火灾应急培训内容具体如下。

（1）火灾基本知识

首先需要介绍一些基本的火灾知识，包括火灾的成因、烟雾的危险性、火灾的分类、灭火器的种类和使用方法等。员工了解这些基本知识后，才能更好地理解灭火的方法和防火措施。

（2）灭火器的使用方法

灭火器是常见的灭火工具，但是很多人都不知道如何正确使用灭火器。在火灾应急培训中，需要详细讲解灭火器的种类、使用方法、注意事项等。特别是需要指出不同类型的火灾适用的灭火器种类也是不同的，并演示如何正确使用灭火器进行灭火。

（3）疏散演练

在火灾现场，最重要的事情就是保护人的安全。因此，在火灾应急培训中，需要开展疏散演练，让员工了解疏散的步骤和方法。应尽量开展实地演练，让员工亲身体验，这对于提高员工的安全意识和自护能力有很大的帮助。

93. 如何加强消防宣传教育？

开展经常性的消防宣传教育，可以加深人们对火灾风险的认识，并帮助人们掌握正确的安全行为和预防措施。这有助于减少火灾的发生，保护人民群众生命和财产安全，同时提升全社会的火灾应对能力和应变水平。社区作为基层组织，是服务广大人民群众的第一线，因此，做好社区层面的消防宣传教育十分关键。

（1）宣传渠道

社区中的消防宣传教育需要选择合适的宣传渠道，以确保信息传达到每一个居民。社区广播是一种重要的宣传渠道，通过社区广播可以将火灾防范知识实时传递给居民。社区内的电子屏幕也是一种有效的宣传渠道，可以在电子屏幕上循环播放火灾防范知识的宣传教育片，引起居民的注意并加深他们对火灾防范知识的了解。此外，社区内的宣传栏、社区微信公众号等也可以用来发布火灾防范知识。

（2）宣传方式

应根据社区居民的特点，选择简单易懂的宣传方式。例如，可以设计制作易于理解的宣传海报，用简洁明了的文字说明火灾防范的注意事项，并搭配生动活泼的图片吸引居民的注意，促使他们主动了解和学习。还可以举办火灾防范知识培训班或讲座，邀请专业人士给居民讲解火灾防范的基本知识和技能，让居民亲身参与学习和实践。此外，社区还可以组织开展一些与火灾防范相关的活动，如演练比赛和社区巡查等，通过实际操作和互动体验，增加居民对火灾防范的重视和理解。

（3）宣传内容

社区中宣传的火灾防范知识内容应当全面准确，包括火灾的危害、火灾防范措施以及逃生和救火的方法等。可以利用图片、视频等形式展示火灾的危害，让居民亲眼看见火灾带来的严重后果，激发他们的防范意识。应重点宣传火灾防范的基本措施，如在家中安装烟雾报警器、定期检查电线和用电设备、使用明火时要小心等。同时，要教导居民掌握正确的逃生和救火方法，例如了解本社区逃生路线、学会正确的灭火方法等。此外，还可以介绍一些火灾事故案例，通过案例分析警示居民，增强其警惕性和防范意识。